农业生态环境保护政策研究

刘悦上 贺运鸣 李晓琳 ◎著

中国出版集团

中译出版社

图书在版编目（CIP）数据

农业生态环境保护政策研究 / 刘悦上，贺运鸣，李晓琳著. -- 北京：中译出版社，2023.12

ISBN 978-7-5001-7669-5

Ⅰ. ①农… Ⅱ. ①刘… ②贺… ③李… Ⅲ. ①农业环境保护—环境保护政策—研究—中国 Ⅳ. ①X322.2

中国国家版本馆CIP数据核字（2024）第009310号

农业生态环境保护政策研究

NONGYE SHENGTAI HUANJING BAOHU ZHENGCE YANJIU

著　　者：刘悦上　贺运鸣　李晓琳

策划编辑：于　宇

责任编辑：于　宇

文字编辑：田玉肖

营销编辑：马　萱　钟筏童

出版发行：中译出版社

地　　址：北京市西城区新街口外大街28号102号楼4层

电　　话：（010）68002494（编辑部）

邮　　编：100088

电子邮箱：book@ctph.com.cn

网　　址：http://www.ctph.com.cn

印　　刷：北京四海锦诚印刷技术有限公司

经　　销：新华书店

规　　格：787 mm×1092 mm　1/16

印　　张：10.75

字　　数：214千字

版　　次：2025年1月第1版

印　　次：2025年1月第1次印刷

ISBN 978-7-5001-7669-5　　　定价：68.00元

前　言

　　近年来，在各种强农惠农政策的支持下，我国农业取得了较快发展，粮食产量实现了连续增长。但同时，我们也不可否认，我国农业增产在较大程度上是以牺牲农业生态环境为代价的。当前，耕地肥力下降、土壤酸化板结、水体污染严重、草原枯竭、农田物种的多样性遭到破坏等农业生态环境问题越来越令人担忧，成为我国农业可持续发展的桎梏。而这在一定程度上，与现行的促进农业增产的财税政策未能兼顾好农业生态保护有关，甚至有些政策直接刺激了农业生产者的非生态行为的发生。财税政策不仅具有经济稳定增长功能，也具有生态资源配置和保护功能。如何使财税政策在实现保护好农业生态环境的前提下，促进农业增产，对于解决我国"三农"问题和促进农村生态文明建设，具有重大的现实意义。

　　本书是环境保护方向的书籍，主要研究农业生态环境保护政策与治理措施，从农业生态系统理论基础介绍入手，针对农业固体废弃物资源利用、水资源利用、气候资源与环境保护以及土地资源利用与环境保护进行了研究；另外对农业环境补贴申领者的环境保护义务、农业污染治理与管控政策提出了一些建议；接着分析了农业绿色生产与生态农业模式，并切入实地做了分析；深入探讨了农业科技人才培养模式与人才发展的环境优化；最后对农村环境进行了分析与规划，并基于现实农村问题提出了生态文明建设的实现路径，从人文方面助力农业的绿色发展，对农业生态环境保护的应用创新有一定的借鉴意义。

　　因作者水平有限和时间仓促，书中不当之处在所难免，敬请读者批评指正。

作　者

2023 年 10 月

目　录

第一章　农业生态系统理论 ………………………………………………… 1

第一节　农业生态系统 …………………………………………… 1

第二节　农业生态系统的结构 …………………………………… 8

第三节　作物及其环境 …………………………………………… 18

第二章　农业资源利用与环境保护 ……………………………………… 24

第一节　农业固体废弃物资源利用 ……………………………… 24

第二节　农业水资源利用 ………………………………………… 27

第三节　农业气候资源与环境保护 ……………………………… 32

第四节　土地资源利用与环境保护 ……………………………… 36

第三章　农业环境补贴申领者的环境保护义务 ………………………… 42

第一节　我国农业环境补贴的政策 ……………………………… 42

第二节　我国农业环境补贴的申领者与保护义务 ……………… 50

第三节　我国农业环境补贴的环境保护义务的实施 …………… 58

第四章　农业污染治理与管控政策 ……………………………………… 64

第一节　农业污染的理论基础 …………………………………… 64

第二节　农业立体污染防治 ……………………………………… 69

第三节　农业污染防治政策与管控建议 ………………………… 78

第五章　农业绿色生产与生态农业模式 ………………………………… 87

第一节　农业绿色生产的理论支撑 ……………………………… 87

第二节　促进我国农业绿色生产有效治理的思考 ……………… 92

第三节　我国典型生态农业模式分析 ………………………………… 103

第六章　农业科技人才培养模式与环境优化 …………………… 114

第一节　农业科技人才培养模式 ……………………………………… 114

第二节　农业科技人才发展环境优化分析 ………………………… 124

第三节　我国农业科技人才培养对策与建议 ……………………… 128

第七章　农村环境规划与生态文明建设 ………………………… 134

第一节　农村环境保护的重要性 ……………………………………… 134

第二节　城乡统筹与农村多元化价值 ……………………………… 138

第三节　农村环境规划 ………………………………………………… 143

第四节　农村生态文明建设的实现路径 …………………………… 155

参考文献 …………………………………………………………………… 164

第一章
农业生态系统理论

第一节 农业生态系统

一、农业生态系统的组成

和自然生态系统一样，农业生态系统的组成成分也包括生命系统和无机环境系统两大部分。所不同的是农业生态系统是在人类的积极参与下并按人类的需要而建造的，是一种被人类驯化和培育起来的生态系统，其组成成分不仅包括人工选育和控制下的生物种群及其生长的自然环境，而且还包括人工环境和社会投入。

（一）人工生物系统

农业生态系统的人工生物系统包括人类驯化、栽培的一切作物、蔬菜、果树、绿肥、牧草、林木等生产者生物和人工喂养的一切家禽、家畜、鱼类、食用菌等消费者生物。

1. 生产者生物

农业生态系统中一切人工栽培的绿色植物，如作物、果树、蔬菜、绿肥、牧草和人工林木等，都是农业生态系统中第一性生产的主体。其作用是利用太阳辐射能和人工投入的辅助能，把水、土、气、热等资源的潜在生产力转化为粮、棉、油、瓜、果、菜等农产品，为人类生存和其他各业的发展提供物质基础和保障，也是农业经济收入的主要来源。因此，要根据当地的自然资源条件和社会经济能力，因地制宜地合理安排好生产者系统各组分间的比例关系，同时合理地安排好生产者和消费者之间的比例关系，开展多种经营，实现综合发展。

我国地域辽阔，农业生产历史悠久，农田栽培的作物（植物）种类繁多，主要有以下三个方面：

（1）作物

包括粮食作物、经济作物、蔬菜作物以及草本药材和花卉。

（2）林木

包括干鲜果品、经济林木以及木本药材、木本绿肥和木本油料等。

（3）绿肥牧草

我国对绿肥的重视是个传统，尤其是豆科绿肥的利用有着较长的历史。

2. 消费者生物

农业生态系统中的消费者生物是指一切依靠其他生物产品，主要是第一性生物产品为其营养和能量来源的人工生物。消费者生物以草食性动物为主，兼有少量杂食性动物。它们是农业生态系统食物链的重要组成部分，对系统中的物质循环和能量转换起着非常重要的作用，是人类所需要的肉、奶、蛋、皮、毛、骨、蜜、丝等的主要来源，同时还为农业生态系统提供肥料和动力来源。

（1）家畜

包括役畜和非役畜。

（2）家禽

包括蛋用型和肉用型以及野生驯化型。

（3）昆虫类

主要有蜜蜂、桑蚕、柞蚕和金小蜂等。近些年来，病虫草害的生物防治越来越受重视，尤其是在有机农业生产中，生物防治更为重要。因此，对天敌昆虫的研究和喂（放）养，正在成为农业生态系统消费者家族的一个重要组成部分。

（4）水生动物类

各种鱼类、蛙类和贝类等。

（5）食用菌类

我国食用菌栽培历史悠久，品种繁多，发展很快。从栽培方式来看，已经从菌房栽培逐步走向农田和果园，已经成为某些地区农业生态系统中重要的生产和经济组成部分。

3. 分解者生物

农业生态系统中的分解者生物主要包括土壤微生物（细菌、真菌、放线菌）、原生动物、蚯蚓类和甲虫类等。它们将动植物残体等复杂有机物质分解成简单的无机物质供作物吸收和利用。正是由于它们的存在，农业生态系统的物质循环和能量转换才得以实现。因此，它们是农业生态系统食物链的一个不可或缺的中心环节。

为了提高分解者的分解转化能力，增强农业生态系统中物质循环和能量转化的速度和效率，有目的地从自然界筛选出一些有益（有效无害）微生物，直接或做成生物有机肥添加到土壤中，对改良土壤的理化生物性状、减少病虫害、提高农产品产量和品质都有重要作用。

在农业生态系统的分解者生物中，微生物肥料、微生物饲料和微生物农药等农用微生物菌剂的研究与开发正在迅速发展，而且其在农业生态系统中分解者队伍中的作用会越来越大。

4. 人类

人是农业生态系统中最积极、最重要的组成成分，是整个农业生产的组织者和管理者，也是最大的消费者。人类处于农业生态系统食物链的顶端，农业生产的全部目的就在于满足人类物质和文化生活的需要。人类在农业生态系统中的地位和作用，是个长期没能得到很好解决的问题，应该不断地加以认真研究和讨论。

（二）生态环境系统

组成农业生态系统的生态环境包括作用于人工生物系统的全部自然因素，归纳起来，主要有以下四个方面：

1. 土壤环境

土壤环境包括土壤生物、土壤微生物、土壤有机质、土壤矿物质、土壤水分和土壤空气。由上述这些物质共同作用形成的土壤的物理、化学和生物性状，构成了作物生长的土壤环境。

2. 太阳能和大气环境系统

太阳辐射能是作物生长所需能量的最主要来源，也是农业生态系统能量的主要来源，是不可缺少的重要环境之一。

太阳和地表以上、平流层以下包围着整个地球表面的大气层，导演着一系列天气现象，构成了农业生态系统光、热、水、气等不同的环境因素。水热条件的变异，导致地球表面地理能量带的形成和分布，进而影响着生物的分布和生长发育。灾害性天气，如暴雨、干旱、冰雹、干热风、台风、龙卷风、霜冻等会对动植物生长产生直接危害。

3. 生物环境

在农业生态系统中，人工生物成分以外的一切生物均可称为环境生物，视为系统的生物环境。广义来说，森林、草原、江河、湖海等生态系统中的生物都可能直接或间接地对农业生态系统产生影响。但这里介绍的重点除前面已经提到的土壤生物以外，主要包括农田杂草、昆虫（益虫和害虫）和鸟兽等。它们直接或间接地影响着农业生态系统的生产量和产品质量，是系统的重要组成部分。

4. 地质地理环境

一切地球表生带的地质地理因素和形成过程，如地理位置、地形、地貌和地下水等，都影响和制约着农业生态系统的质量和效率，是系统的重要环境条件。

（三）人工控制系统

人工控制系统是人类施加给农业生态系统的环境条件和影响的总称，是农业生态系统最重要的组成部分，也是区别于自然生态系统的根本标志。人工控制系统主要由以下三部分组成：

1. 决策指挥系统

领导者的科学决策水平、农民的技术水平和文化素质以及风俗习惯等，都会对农业资源的合理利用和农业生态系统的生产力产生决定性的影响。

2. 技术支持系统

新成果、新技术、新方法的研究开发和引进试验示范推广；及时发现农业生产出现的新问题并加以研究解决，为农业生产的可持续发展提供技术支持和保证。

3. 农田工程系统

农田工程系统包括水利工程、防护林工程、保护地工程和农田小气候工程等，是人类在长期的生产实践中，因地制宜、因时制宜建造起来的农业环境控制系统，是农业生产的重要环境组成部分。

此外，人类还可以采用遗传育种工程、植保防疫工程和监测预报工程等为农业生态系统高产、优质、高效创造条件并提供保障。

二、农业生态系统的主要类型

（一）以农田为中心的生态系统

以农田为基础，由以作物为主体的生物成分和以土壤、水分、空气、光热为主体的非生物成分所组成，以发展农业生产为目的的人工控制的陆地生态系统叫农田生态系统。农田生态系统既是一个独立的生态系统，也是农业生态系统的一个重要组成部分。农业生态系统中第一性产品的生产以及农、林、牧、副、渔之间的发展和协调，主要依靠农田生态系统的调节和控制才能实现。农田生态系统是农业生产的基础，农业生态系统能流和物流的源头。

以农田为中心的农业生态系统的特点是，种植业一般比较发达，是农业生态系统的主导产业和农村经济的主要支柱，是我国目前广大农村尤其是欠发达地区农业生态系统的主要类型，包括土地转让过程中的土地承包大户。

这类农业生态系统一般以农田为中心，对水、土、林、田进行综合治理，在生态学原理的指导下将山、水、林、田、路进行全面规划，协调好生产用地与庭院、房舍、草地、道路、林地等的比例和空间配置，适当发展小型（以家庭为单元）畜牧业和加工业。

在以农田为主的农业生态系统中，为了提高系统能流和物流的流量和效率，提高生产力和经济效益，要因地制宜地建立以下五个小循环：农田—畜禽—沼气—农田循环、农田—绿肥—沼气—农田循环、农田—绿肥—畜禽—农田循环、农田—鱼池—农田循环和水生植物—畜禽—沼气—农田循环等。这些小循环都是以农田为中心，组成一个大的农田良性生态循环系统，使各种物质循环和能量流动围绕农田运转。

（二）农、林、牧结合的生态系统

这是我国广大农区普遍存在的一种农业生态系统类型。在这个系统中，种植业亚系统以农田为基础，生产粮、油、棉、水果和蔬菜等农副产品。林业亚系统是为整个农业生态系统提供生态屏障，防风固沙、防止水土流失和干热风等自然灾害，并提供一定的水果、木材和燃料，对农业生态系统的稳定和经济效益的提高有重要作用。而畜牧业亚系统则是整个生态系统中物质循环和能量转换的重要环节，一方面有效利用了种植业亚系统主要副产品和废弃物（如秸秆、茎叶、糠壳等）以及部分产品（如玉米等），为人类生产出肉、奶、蛋、皮、毛、骨等动物产品；另一方面又为种植业亚系统提供了优质有机肥。因此，农、林、牧三个亚系统的有机结合，有利于农业生态系统的持续、高效和协调发展，有利于农业经济水平的提高，是我国传统农业的主要类型，也是我国现代农业积极倡导的最佳农业生态系统结构类型。

（三）农、林结合的生态系统

在我国广大北方地区，尤其是黄淮海平原、西北和华北的干旱地区，土地贫瘠、气候干燥、风沙灾害频繁、水土流失严重，农、林业结合的农业生态系统普遍存在并有着悠久的历史。尤其是近年来，在国家退耕还林、退耕还草等一系列政策的指引下，农、林结合的农业生态系统有了更加迅速的发展。

农、林结合的形式比较丰富，主要有农—林模式、农—果模式和农—经模式等。农—林模式的农田防护林网采取农田防护林带、小型片林和林粮间作相结合的方式，这是平原农区林业的基本特点。农—果模式主要是以多年生的果树和作物如粮食、棉花、瓜果、蔬菜等间作，常见的有枣粮间作。

（四）保护地栽培生态系统

为了满足全国人民的生活需求和出口市场的需要，我国蔬菜生产尤其是保护地蔬菜生产发展很快，种植面积迅速提高，蔬菜周年供应已基本解决，市场上蔬菜品种短缺的问题已不再出现。

保护地集约化蔬菜栽培的主要问题是蔬菜生产中大量施用氮肥和化学农药，直接导致产品和水体中硝酸盐的积累及农药残留的增加，污染了环境，威胁着人类的身体健康，因此，无污染蔬菜的生产就势在必行。无污染蔬菜生产的关键技术有以下两点：

一是肥料的合理使用。强调使用有机肥，如畜禽粪便、绿肥、秸秆覆盖、厩肥等，特别重视生物有机肥的研究和应用，并应合理施用化肥，尤其要控制氮肥的使用。

二是病虫害的综合防治。主要采用生物技术、物理技术和栽培措施来进行综合防治，以化学农药作为辅助措施。在观念上要建立以防为主的方针，主要防治措施包括选用抗病虫的品种、合理轮作倒茬、使用生物农药、利用天敌、设置防虫网、实施秸秆覆盖、采用诱杀剂和驱避剂等。

保护地栽培生态系统的另一个关键技术是如何充分利用光热资源提高生产力和经济效益。除目前应用比较普遍的大小拱棚外，高效节能型日光温室的研究和应用对冬春季蔬菜生产特别是严冬季节喜温的果菜类生产有重要作用。节能型日光温室与传统温室相比，其最显著的特点就是光能利用率高，从而可大大地减少温室的加热负荷，甚至无需人工加热。因此，节能温室设计的关键是在冬季低温弱光的条件下，如何使温室采光充分，保温性能好，以保证日光温室生产的正常进行。

（五）城郊型农业生态系统

随着城市化速度的加快，农村人口向城市的不断转移，我国城市的数量、面积和人口在迅速发展，城市郊区的范围不断增加，城郊型农业生态系统的规模和内容在不断发展，作用也越来越大。一方面，城市郊区能最先获得工业生产所提供的化肥、农业、薄膜、机械、电力、燃油和天然气等生产生活资料，优先获得科研和技术推广部门提供的科技信息、优良品种和先进技术，为农牧业生产的发展提供可靠的物质基础和技术保证；另一方面，城市郊区还要接纳城市产生和扩散的工业和生活排放的废水、废气和废渣，尤其在我国蓬勃发展起来的中小城市，有些"三废"治理不到位，环境脏、乱、差，污染转移，给农业生态系统的发展带来了一定的困难。

传统上讲，我国城市所需要的菜、肉、蛋、奶、花等鲜活产品的供应主要来自城市郊区，20 世纪八九十年代菜篮子工程建设的重点也是在城市郊区。现在虽然一些鲜活产品仍然需要郊区来提供，但随着交通运输的便捷和市场的发育，大多数鲜活农产品已经主要依靠远郊区和外地提供，特别是大中城市更是如此。城郊农业生态系统的功能也相应发生了改变，除传统上必要的农副产品的生产和供应外，重点要发挥好以下四项职能：

1. 做好城市的环境屏障

一方面，要积极协助并参与城市"三废"的处理和可利用资源的循环利用，尤其是生活垃圾、厨余垃圾、粪便、中水等的利用，变害为利，变废为宝，是发展循环经济的一项重要内容；另一方面，要积极进行植树造林，为城市建设一道绿色屏障，防风固沙、净化空气。

2. 积极发展特色农业

要充分利用当地资源，因地制宜地发展特色农业，如观光旅游农业、休闲度假农业、采摘农业、认养（种）农业等。要集舒适性、趣味性、知识性、娱乐性于一身，既给城市居民提供一个休闲娱乐、增长知识的消费场所，也为农民增加经济收入。

3. 积极发展服务业

包括物流服务、餐饮娱乐服务和维修服务等。不断发展就业门路，在交通便利、环境优美的近郊区还可以适当发展老年人服务中心，为不断增加的城乡老人提供安度晚年的场所。

4. 提高产品的品种和质量

在传统的肉、奶、禽、蛋、果品、蔬菜的生产上，要丰富产品的品种和提高它们质量，要把绿色食品和有机食品生产作为主要奋斗目标。为城市居民提供健康安全、营养丰富的鲜活产品，是城郊农业生态系统的光荣职责和义务，也是获取更高经济效益的手段。

第二节 农业生态系统的结构

一、农业生态系统的水平结构

农业生态系统的水平结构，是指在一定的生态区域内，各种生物种群所占面积比例、镶嵌形式、聚集方式等水平分布特征。农业生态系统水平结构受自然环境条件、农业区位和社会经济条件的影响，形成所谓的条带状分布、同心圆式分布或块状镶嵌分布等景观格局。

（一）农业生态景观和水平结构的关系

1. 景观多样性

景观是指土地及土地上的空间和物质所构成的综合体。它是复杂的自然过程和人类活动在大地上的烙印。景观要素可分为斑块、廊道和基质。斑块是景观尺度上最小的均质单元，它的大小、数量、形态和起源等对景观多样性都有重要意义。廊道呈线状或带状，是联系斑块的纽带，不同景观有不同类型的廊道。基质是景观中面积较大、连续性高的部分，往往形成景观的背景。

景观多样性是生物多样性的一个层次，是指不同类型的景观在空间结构、功能机制和时间动态方面的多样化和变异性。它反映了景观的复杂程度。其中，景观类型空间分布的多样性及各个类型之间空间关系和功能关系的多样性，是景观多样性的重要内容之一。景观类型有湿地森林景观、坡地森林景观、浅水沼泽景观、农田生态景观、鱼禽生态景观、河湖水体景观、草地林带景观、特色园艺景观、乡村旅游休闲景观、生态庄园景观和生态建筑景观等。各类景观分布于各功能区或同一功能区的不同空间位置，或相对独立，或相互交叉，或相互重叠等，形成多样化空间布局。

对于景观多样性：①只有多种生态系统共存，才能保证物种多样性和遗传多样性；②只有多种生态系统共存，并与异质的立地条件相适应，才能使景观的总体生产力达到最高水平；③只有多种生态系统共存，才能保障景观功能的正常发挥，并使景观的稳定性达到一定水平。

2. 边缘效应与生态交错带

边缘效应是指在某一生态系统的边缘，或两个或多个生态系统的交界区域内，能流、物流和信息流都远远大于某一生态系统内部的能流、物流和信息流。有关研究表明，一个森林生态系统，其边缘（林缘带）往往分布着比森林内部更为丰富的动、植物种类，具有更高的生产力和更丰富的景观；山地与平原的过渡区内往往是山洪的多发带，也是多种动物迁徙的必经之地和多种植被类型的集中分布区。人和许多动物都需要在多种生态系统中寻求食物和庇护，所以，多个生态系统的交界地带往往是其生存和发展的最佳环境。一方面，这种边缘环境能提供最丰富的生存所必需的物质、能量和信息；另一方面，它也使其面临更为严峻的考验，包括更为激烈的竞争和更为频繁的自然灾害（剧烈的物质和能量的运动）。

（二）自然环境对水平结构的影响

自然环境引起的纬度、经度和海拔高度的差异，导致不同的农业生物分布在不同的地区。以我国为例，从南到北，不同气候类型条件下适宜种植的作物和耕作制度存在较大的差异。

（三）社会经济条件对水平结构的影响

农业生态系统的水平结构除了受自然条件的影响外，不同的农业区位和社会经济条件也有重要影响。如该地区的人口、交通、生产技术、资金、信息等都会明显地影响农业生态系统的水平结构。

1. 自然区位

同样生产一种作物，自然条件差的地区往往要比条件好的投入多，造成生产成本上升，对生产者产生不利影响。因此，自然条件差异就成为农作物与牲畜结构安排的重要因素。一般来说，自然环境限制了作物和牲畜的生长范围，不同自然区位的气候状况会影响农作物的种类。如我国南稻北麦、泰国湄南河平原种植水稻、澳大利亚经营牧场等。不同地形、不同土壤类型适合发展不同的农业类型。如黑龙江黑土地种植水稻、大豆，珠江三角洲广布鱼塘和双季稻，我国北方的半干旱、干旱草原适合放牧等。

2. 杜能农业经济区位

在商品经济发展初期，农业生产的产品必须能够到达市场才能获取效益，然而，不够发达的运输、加工、储藏、保鲜成为商品生产的制约条件。这样，在原有的自然区位的基础上，增加了一个以杜能农业经济区位理论为代表的、受城乡运输制约形成的农业专业生产区域。德国农业经济和农业地理学家杜能（John Heinrich von Dunant）出版的《孤立国同农业和国民经济的关系》一书，奠定了农业区位理论的基础。杜能农业区位理论从孤立化研究和区位地租出发，得出了农产品种类围绕市场呈环带状分布的理论模式。杜能假设这样一个与世隔绝的孤立国：①在农业自然条件一致的平原上，农产品能够实现销售的唯一市场是中心城市；②农产品的唯一运输工具是马车；③农产品的运费与质量及运输距离成正比；④农作物的经营以获取最大利润为目的。根据这样的假设，杜能为孤立国推断出围绕中心城市的六个同心圈层，每个圈层分别有不同的最适农业生产结构。

（1）第一圈——自由式农业圈

此圈为最近的城市农业地带，主要生产易腐、难运的产品，如蔬菜和鲜奶。由于运输工具为马车，速度慢，且又缺乏冷藏技术，因此，无须保存的新鲜蔬菜、水果（草莓）和鲜牛奶等，就在距城市最近处生产，形成自由式农业圈。本圈大小由城市人口规模所决定的消费量大小而决定。

（2）第二圈——林业圈

此圈供给城市用的薪材、建筑用材（家具）和木炭等，由于它们用量大并且质量和体积均较大，从经济角度必须在城市近处（第二圈）种植。

（3）第三圈——轮作式农业圈

农产品价格相对前两个圈层较低，种植不易腐烂变质的谷物（麦类）和饲料（马铃薯等）作物。这一圈采用六年轮作制，即黑麦—黑麦—马铃薯—大麦—苜蓿—豌豆。本农业圈内全耕地的50%为谷物种植面积。

（4）第四圈——谷草式农业圈

此圈为谷物（麦类）、牧草休耕轮作地带。杜能提出的每一块地的七区轮作中第一区为黑麦，第二区为大麦，第三区为燕麦，第四区、第五区、第六区为牧草，而第七区为荒芜休闲地，这与上述第三圈有所不同。本农业圈内全耕地的43%为谷物种植面积。

（5）第五圈——三圃式农业圈

此圈是距城市最远的谷作农业圈，也是最粗放的谷作农业圈。三圃式农业将农家近处的每一块地分为三区（第一区为黑麦，第二区为大麦，第三区为休闲地），三区轮作，即为三圃式轮作制度。远离农家的地方则作为永久牧场。本农业圈内全部耕地中仅有24%为谷物种植面积。

（6）第六圈——畜牧业圈

此圈是杜能圈的最外圈，生产的谷类作物仅用于自给，生产的牧草用于养畜，以畜产品如黄油、奶酪等供应城市市场。据杜能计算，本圈层位于距城市51千米~80千米处。此圈之外，则是以休闲、狩猎为主的灌木林带或无人利用的荒地。

杜能农业圈理论说明了农业布局不但取决于自然条件，而且取决于与城市的距离。

据此，杜能得出两个结论：第一个结论是生产集约度理论，即越靠近中心城镇，生产集约度越高。在那个时候，劳力仍是农业的主要投入，因此，可用单位土地投入的劳动力来衡量生产的集约程度。越靠近中心城镇，单位土地投入的劳动力越多。第二个结论是生产结构理论，即易腐烂变质、不耐储存和单位价格低的农产品在靠近城市的区域生产，反之则相反。因为离城市越远，不耐储藏、易腐烂和单位价格低的农产品的纯收益下降越快，在离城市不太远的地方纯收益会变为零，再远的地方就会亏本。而耐储藏和单位价格高的产品的纯收益随距离的增加下降比较慢，在离城市一定距离的区域仍然有利可图。

3. 生态经济区位

随着经济的高速发展，交通、运输、储藏、保鲜、加工能力的增强，销售网络的健全，使得运费迅速下降，自然资源条件对农业的生产结构格局影响能力上升，农业不同地块与中心城镇的相对位置对农业布局与安排来说不再是唯一的影响因素。这样，逐步在有利的自然环境条件下，按市场需求形成相应规模的专业化生产区域。

此外，人口密度对农业生态系统结构也有综合的影响。人口密度增加使人均资源量减少，劳动力资源增加，对基本农产品的需求上升，这样，必然使农业向劳动密集型转化。

二、农业生态系统的垂直结构

农业生态系统的垂直结构又称立体结构，是指在一个农业生态系统内，农业生物种群依环境因素在立面上的组合状况，即生物成层分布的现象。环境因子可因山地高度、土层和水层深度变化形成垂直渐变结构，不同的垂直环境分布有不同的生物类型和数量。如果环境条件好，生物种类复杂，则系统的垂直结构也复杂；反之，环境条件恶劣，生物种类简单，则垂直结构也简单。

（一）农业生态系统垂直结构的类型

农业立体结构的生态学基础是对资源利用的种间互补（空间、时间、营养等），是对系统稳定性方面的互补（抗灾、减少病虫害、改善生境、提高土壤肥力等）。其具体形式有以下四个方面：

1. 农田立体模式

（1）农作物间作、套作、混作

在人为调节下，充分利用不同植物间的互利关系，组成合理的复合群体结构，增加光合叶面积，延长光能利用时间，提高群体的光合效率，提高群体的抗逆能力，以便更好地适应环境条件，充分利用光能和地力，保证稳产增收。如玉米、大豆间作是东北地区玉米种植的主要形式。它充分利用两种作物形态及生理上的差异，合理搭配，提高了对光能、水分、土壤和空气资源的利用率。玉米、大豆间作一般可以增产粮豆 20% 左右。广泛应用于黄淮海流域的小麦、玉米、花生间套作复种模式，其特点是利用小麦、春玉米套种，增种一季花生，提高农田种植收益。这种模式施肥用量比单作常规周年施肥量减少 29.9%，但小麦、玉米、花生产量及总产量分别增加 9.3%、3.7%、4.8% 和 6.3%。

（2）稻田养鱼

"稻田养鱼，鱼稻共生。"鱼类在稻田中取食水中浮游生物、杂草和水稻害虫，减少病虫害，在游动中增加水体氧气，鱼类的粪便和排泄物作为水稻的肥料。如适宜于长江中下游热量和水资源充足地区的稻、鸭、鱼立体种养技术模式，是以水稻种植为基础的粮、禽、鱼、水、田立体生产模式类型，其中，水稻是该模式的主体粮食作物。在特定条件下，该模式利用稻、鸭、鱼三种不同生物间生长特性的时空差异控制相互间的不利影响，从而建立稻、鸭、鱼同田共生系统。

2. 水体立体模式

（1）鱼牧结构

如鱼鸭（猪、鸡、鹅等）混养，水上养猪，水面养鸭、养鹅，水下养鱼。

（2）基塘系统

基塘系统分布在粤、浙、苏一带，在低洼地抬高塘基，降低水面，形成各具特色的基塘系统，如桑基鱼塘、蔗基鱼塘、花基鱼塘、果基鱼塘和杂基鱼塘（如牧草、蔬菜、粮作等）等模式。

3. 养殖业立体模式

（1）分层立体养殖

充分利用肥猪舍的上层空间笼养鸡，鸡笼距猪舍地面 1.5 米处，鸡粪落入猪舍食槽直接喂猪或将鸡粪收起发酵后拌入饲料喂猪。猪粪用来生成沼气，沼气用来发电，沼渣、沼液作为养鱼的饲料，用沼渣水浇灌温室和塑料大棚的果蔬，最后将养鱼池的肥水灌溉水稻。

（2）林、鱼、鸭立体种养

在平原湖区的低洼积水区种植耐水湿、生长快、材质好的池松林，每公顷 840~1650株，每年 4~11 月灌水，水深 0.8~1 米，在水中养鱼，水面养鸭。将池中松、鱼、鸭通过水有机地结合起来，融林业和水面养殖为一体，形成饲料喂鸭，鸭粪喂鱼，鱼粪肥水、肥树，树叶肥水、喂鱼的立体种养方式，并招引大量鸟类。

4. 农、林业立体模式

农、林业立体模式主要有桐粮间作、枣粮间作、胶茶（胶椒、胶药）间作和林药间作等。

（二）自然地理位置与垂直结构

不同的自然地理位置，由于受到气候、地形、植被、土壤、水文等生态因子的综合影响，使得农业生态系统的垂直结构也相应呈现出一系列的变化。

1. 流域位置与垂直结构

在一个流域内，自上游至下游，海拔高度由高到低，坡降由大到小，温度、土壤养分等发生变化，在重力作用下，由于水的下迁运动，使水土环境发生变化，从而对农田种植结构和作物产量产生影响。

长江流域的耕地95%分布在四川盆地和长江中下游地区，其中，成都平原、江汉平原、洞庭湖区、鄱阳湖区、巢湖区和太湖区，都是我国著名商品粮基地；鱼的品种和产量均居全国首位，可占全国产量的60%以上；林木蓄积量占全国的1/4；国家重点保护的野生动植物群落、物种和数量在我国七大流域中多占首位。

2. 地形变化与垂直结构

（1）大尺度地形变化

如四川、云贵高原独特的地貌和气候条件，随着海拔高度的变化，农业生态系统的结构也发生了不同的变化，从而出现了不同的农业发展类型。

①低热层（海拔小于1400米）

在低热层的河谷地带，是甘蔗、冬春季蔬菜、热带性果树、药材等的主要分布区。甘蔗产量和含糖均高于其他地区，具有明显优势；由于冬春气候温暖，生产的众多园艺产品如蔬菜、花卉等供应全国各地，成为我国重要的天然温室和南菜北调基地；还适合发展柑橘、南药、油桐等特色农作物。

②中暖层（海拔1400~2100米）

发展粮、油、生猪、蚕桑、烤烟等，下部水体可发展水产养殖业，上层地带因气候温凉干燥，适合苹果、核桃、生漆、云南松等经济林材生产。

③高寒层（海拔2400米以上）

下部地带适合发展以细毛羊为主的草畜生产。在高寒地带，森林是以冷杉、铁杉为主的暗针叶林区。

（2）小尺度地形变化与垂直结构

在丘陵或一些低海拔山地，由于地貌复杂多变，从山顶到半山、山脚等，由于生态条件不同，农业生态系统的垂直结构也表现出了不同的变化。

三、农业生态系统的营养结构

农业生态系统的营养结构是指农业生态系统中的无机环境与生物群落之间，以及生产者、大型消费者与小型消费者之间，通过营养或食物传递形成的一种组织形式，它是农业生态系统最本质的结构特征。

按照物质循环和能量转化的一般规律，通过引入新的链环，延长或完善食物链组合，可增加第二、三级产品。一个复合农业模式通常具有三个不同营养级：植物生产者、动物消费者和微生物分解还原者。延长食物链的方式主要有增加生产环（绿色植物）、引入转化环（动物或微生物）和引入抑制环（生物防治等）。

（一）农业生态系统营养结构的组成

生态系统中的各种成分之间最主要的联系是通过营养关系来实现的，即通过营养关系把生物与非生物、生产者与消费者连成一个整体。食物链（Food Chain）是生物成员之间通过取食与被取食的关系所联系起来的链状结构。食物链是生态系统营养结构的基本单元，是物质循环、能量流动、信息传递的主要渠道。一般来说，后一营养级只能利用前一营养级约10%的能量。但由于具体生物种类及环境条件的差异，这个比例随实际变化幅度也是很大的。在生态系统中，食物链主要有三种不同的类型：捕食食物链（Predator Food Chain）、腐食食物链（Saprophytic Food Chain）和寄生食物链（Parasitic Food Chain）。

在生态系统中，由于生物种类多，食物营养关系复杂，常常一种生物以多种食物为食，而同一种食物又被多种消费者取食，从而形成食物链的交错，多条食物链相连就构成了食物网（food web）。食物网不仅维持着生态系统的相对平衡，推动着生物的进化和发展，而且是提高农业生态系统能量利用效率、农产品的产值效益和满足人类多方面需求的主要途径。

（二）农业生态系统食物链（网）结构设计

生态农业的食物链设计是指根据当地实际和生态学原理，合理设计农业生态系统中的食物链结构，以实现对物质和能量的多层次利用，提高农业生产的效益。即根据物种间的捕食、寄生和相生相克等相互作用关系，人为地引入、增加物种，以建立生物间合理的食物链结构或关系。食物链设计的一个重点就是食物链的合理加环或解链。食物链（网）结构设计的好坏将直接关系到农业生态系统生产力的高低和经济效益的大小以及系统结构的稳定性。

1. 食物链的加环

根据能量流动的原则，系统的食物链越简单，它的净生产量就越高。但是，在高度受人控制和影响的农业生态系统中，由于人们对生物和环境的调控及产品的期望不同，往往会在向系统外输出净生产量的过程中增加一些食物链环节，这反而能提高产品和系统的综合效益。在农业生态系统中约有 80% 的不能供人类直接利用的初级产品，大部分是第二、三级生产者的资源，在加入环节后能转化成人类直接需要的产品。

（1）食物链加环的作用

一是提高农业生态系统的稳定性。一般来说，农业生态系统中大多数食物链结构比较简单，由于这种单一的生物组成，生态系统中的生物种群之间相互制约机制降低，造成系统稳定性脆弱。如某种病虫害发生，常常引起农作物减产，甚至绝收。因此，通过在农业生态系统中引入捕食性昆虫或动物这样的营养级，可以抑制虫害的发生，大大减少由于病虫害而造成的经济损失，提高农业生态系统的稳定性。

二是提高农副产品的利用率。一般农作物只有 20%～30% 的主产品可供人类直接食用，而 70%～80% 则为副产品。如果在其中加入新的食物链环节，这一部分副产品也可供其他动物或菌类利用，并制造出更多的次级产品，为人类提供更多的食物，从而提高了农副产品的利用率和经济效益。

三是提高能量的利用率和转化率。生态系统中，食物链下一个营养级只能部分地利用上一个营养级所储存的有机物质和能量，总有一部分未被利用，而适当增加新的生物组分则可提高物质和能量的利用率。如农业生产中的一级产品苜蓿，如果直接当肥料施入农田，只能利用其物质，而能量则白白浪费。如用苜蓿饲养肉牛，能量转换率可达 8%；如用作猪饲料，转换率高达 20%；如饲养乳牛，乳牛可消化吸收其中 65% 的能量，其中有 24% 的能量可转化为牛乳，其能量利用率可达 15%，大体上是转化成牛肉的 2 倍。

（2）食物链加环的途径

一是引进捕食性动物，控制有害昆虫对农业生物生产量的消耗。如稻田养鸭，鸭可以消灭吃谷芽的蝼蛄，蝼蛄可以肥鸭。又如澳大利亚引入牛蜣螂，利用蜣螂处理牛粪，控制牛蝇的繁殖，虽然不是蜣螂直接吃食牛蝇，但由于牛蝇来不及繁殖就连同牛粪埋入土中，从而有效地控制了牛蝇的危害。

二是增加新的生产环节，将人们不能直接利用的有机物转化为可以直接利用的农副产品等。如通过增加一些腐蚀性动植物，转化农业生态系统中产生的不能直接为人们利用的有机废弃物质（如粪便）等，以扩大系统的总体经济效益。这种加环主要是引入侧链，充分利用"废弃物"——秸秆、糠麸、饼粕、粪便等，即"十分之一"以外的部分，通过相应的有较好转化功能的生物类群，予以转化，其结果为能量的有效转化不是按十分之一递减，而是在"十分之一"的基础上增加。据测算，其中30%经新环节转化，可以生产出等于系统净生产量3%左右的产品，使整个系统产出的人类直接需要的产量由20%提高到23%以上。由人工生态系统形成的食物链，产生多级性的有效物质循环与转化，从而突破了"Lindeman十分之一定律"的局限。

（3）食物链加环的类型

①食物链生产环

利用人类不能直接利用或利用价值较低的生物产品作为资源，通过加入一个新的生物种群进行能量和物质转化，以增加一种或多种产品的输出。生产环的增加，可以实现变废为宝、变低价值为高价值、变分散为集中、变粗为精、变滞销为畅销，从而提高整个系统的效益。生产环的加环可以加入一个或多个生产环节，要根据生态系统的资源种类、性质和数量来确定。

②食物链增益环

在人工食物链中可以加入一些特殊的环节，这些特殊环节的生物种群可以提供给生产环所必需的资源，从而增加生产环的效益。食物链的增益环设计，对开发废弃物资源、扩大食物生产、保护生态环境等方面有很重要的意义。

③食物链减耗环

农业生态系统中的有害生物给各种农作物产量与品质造成了严重的损害，并且由于人类长期大量施用化学农药，已产生了一系列严重后果。目前，国内外普遍正在探索利用生物措施防治有害生物，这样可以抑制耗损环的生物种群。食物链减耗环的设计，一是要查清当地主要有害生物及其发生规律；二是要选择对耗损环生物种群具有拮抗、捕食、寄生等负相互作用的生物类型。

④产品加工链

农副产品加工链的环节，虽然没有生物种群营养级，不属于食物链的环节，但农副产品加工业是农业生态系统的一个重要组分，对农业生态系统的经济流起着非常重要的作用。随着农产品商品率的提高，产品的包装、储藏、保鲜、加工所取得的效益越来越明显。在设计产品加工链时应充分考虑系统内的资源、产品和副产品的种类及数量，因地制宜地选择合适的加工项目和生产规模。

⑤食物链复合环

在农业生态系统中的有些生物或生产环节，既可以作为农业生态工程的减耗环或增益环，本身又能提供产品，是一个生产环。

2. 食物链的解链

随着工农业的发展，各种工业"三废"的排放，矿山、核电站的建立，农业内部的化肥、农药、除草剂等的使用，使得各种有毒物质进入生态系统，被植物体吸收，并沿着食物链各营养级传递，最终在生物体内的残留浓度越来越高，严重地影响着生态系统的功能和人类健康。为了减少有毒物质通过食物链进入畜禽和人体，危害动物和人类的健康，可采用食物链"解链"的方法，即当有毒物质在食物链上富集达到一定程度时，使其与到达人类的食物链中断联系。

在进行食物链解链设计时要合理确定解链的时机和解链的方式，以达到最佳的效果。一是要改变产品用途，使它们脱离与人类食物相连的食物链，切断污染物进入人体的渠道；二是改变生物种群类型，种植观赏类植物或工业生产原料。农业生态系统中人工食物链的加环与解链设计，给生态农业建设提供了一些途径和方法。为了使生态农业建设取得更高的效益，在进行人工食物链加环与解链设计时一定要因时、因地制宜。

（1）处理污染土壤

在受污染的土壤上可种植非食用的用材林、薪炭林等林木或能源植物，以及花卉等观赏植物，还可种植用来生产纤维用的各种麻类作物，使污染物离开食物链。

（2）处理污水

利用水生植物处理城市污水、生活污水和工业废水，可减轻有毒物质对人体、畜禽的危害。在污水处理中凤眼莲（又名水葫芦、水风信子）、浮萍、水花生、芦苇、宽叶香蒲、水葱等水生植物被广泛应用，其中，应用最广、研究最多的是凤眼莲。大量研究表明，水生植物对多种污染物质以及氮、磷等营养元素具有较强的吸收净化能力。凤眼莲是公认的高产速生漂浮性水生维管束植物，在适宜条件下生长十分迅速，年产量每 667 平方米可超过 10 万千克鲜重。

（三）农业生态系统营养结构的特点

农业生态系统的物质循环和能量转化，是通过农业生物之间以及它们与环境之间的各种途径进行的，与自然生态系统所不同的是，系统的各营养级中的生物组成即食物链构成是人类按生产目的而精心安排的。另外，农业生态系统各营养级的生物种群，都在人类的干预下执行各种功能，输出各种人类需求的产品。因此，农业生态系统的营养结构就不像自然生态系统那样完全。如果人们遵循生物的客观规律，按自然规律来配置生物种群，通过合理的食物链加环，为疏通物质流、能量流渠道创造条件，那么生态系统的营养结构就更科学合理；否则，就会造成环境污染、资源浪费以及生态平衡破坏，从而会使生态系统的营养结构遭到严重破坏。

农业生态系统与其他陆地生态系统一样，其营养结构包括地上部分营养结构和地下部分营养结构。地上部分营养结构通过农田作物和禽、畜、虫、鱼等，把无机环境中的二氧化碳、水、氮、磷、钾等无机营养物质转化成为植物和动物等有机体；地下部分营养结构是通过土壤微生物，把动、植物等有机体及其排泄物分解成无机物。所以说，地上部分营养结构是无机变有机；地下部分营养结构是有机变无机，并归还给土壤等环境，再为农作物吸收利用。所以，农业生态系统营养结构是无机物有机化与有机物无机化过程的统一。其特点是无机物转化为有机物非常充分，而有机物转化为无机物就不一定在系统内进行，可能是连同农产品输出系统外进行微生物分解或用火焚毁或用其他措施处理，当然也可能在系统内由分解者转化成无机营养物质归还土壤，而微生物的活动与土壤有机质关系密切。因此，根据农业生态系统营养结构特点，必须十分重视地下部分有机物质的输入，促进地下部分有机物质无机化过程，以保持土壤养分平衡。

第三节 作物及其环境

一、辐射与能量

几乎所有生态系统最初能源均来自太阳能向地表的持续辐射。在地球大气界面上，太阳的辐射功率大约为 1360 瓦每平方米。该值几乎是恒定的，故被称为太阳常数。但实际到达地表的辐射即所谓的总辐射少于太阳常数，因为有大约一半的太阳能通过大气层的吸收和反射会损失掉。另一个决定某个地区总辐射大小的因素是太阳的辐射角度，因此，赤道地区的总辐射要比两极地区大得多。全球总辐射的最高值（年均>250 瓦每平方米）出现在很少被云层遮盖的热带和亚热带地区（例如撒哈拉地区）。在温带地区，平均年辐射功率大约减少了一半。

（一）光合作用

太阳辐射光谱包括大约 100～5000 纳米的波长，可将其分为三个波段，即紫外光

（100～380 纳米），可见光（380～740 纳米）和近红外辐射（740～5000 纳米）。可见光谱基本上涵盖了可被植物利用进行光合作用的谱段，因此也被称为光合有效辐射（Photo-sy-thetically Active Radiation，PAR）。

光合作用是绿色植物和某些细菌利用光能以二氧化碳（CO_2）和水生产糖类和积累生物量的过程，这个反应释放氧气（O_2）。

光合作用过程所需要的来自大气的 CO_2 在其被利用形成糖类之前必须先被植物所固定，即被纳入一个分子里面。然而，这种 CO_2 的固定方式并非对所有植物来说都是一样的，对有些植物来说，CO_2 的固定方式与其特定的生理特征和形态特征有关。总的来说，可以将植物分为三种光合类型，即 C_3 植物、C_4 植物和景天酸代谢（CAM）植物。

植物进行的光合作用部位是叶绿体，这些细胞器含有色素系统——叶绿素，它们吸收光能并将其转化为化学能。植物的叶绿素在可见光谱内具有两个吸收峰，一个位于 400～500 纳米，另一个位于 600～700 纳米，在这两个区域之间的光谱则很少能被利用。但对同样能进行光合作用的蓝藻来说，它们具有的色素系统却在 500～600nm 的波长范围具有高吸收性能。

（二）热能

就光合作用来说，它仅利用了到达地球表面辐射能的大约 0.01%。全球辐射的最大部分被地表吸收，并转化成长波（红外）热辐射，它们使近地表的大气层变暖。部分地表辐射被大气吸收和反射，而另一部分则散发到太空中去。热辐射中被反射的部分即所谓的逆辐射，主要由大气中的水汽含量、云层、CO_2 和其他微量气体含量所决定。在晴朗的夜间和较低的空气湿度条件下，逆辐射量少，因此，土表大幅度冷却。从全球来看，地球大气圈的逆辐射引起自然温室效应。基于纬度和全球辐射之间的关系，由长波辐射导致的气温升高在赤道地区比在两极更为强烈。但借助于大气流和洋流，能量从热带被转送到高纬度地区。

1. 温度与栽培地点

一个地区对所种植作物的适宜性不仅受该地区平均温度的影响，也在很大程度上受该地区所达到的最高和最低温度的影响。特别是早春期间出现的晚霜对那些总的来说是以温暖气候为主的地区的种植带来了限制。当地的温度状况不仅与纬度有关，还受到其他因素的影响，特别是以下三个因素：

（1）地形

由于密集的冷空气发生沉降，谷地中夜晚温度的下降比高地要明显，在温带地区的夏季，其昼夜温差可达10℃或更大。由于存在霜冻的危险，欧洲中部的谷地对于种植一些特定的植物（例如果树）只在一定的条件下适宜。

（2）海拔高度

在地表和较高处的大气层之间存在着温差，因此，山区的平均温度随着海拔高度而下降，每升高100m温度降低0.6～1.0℃。因此，那些原先只适宜于高纬度地区的作物，也可以在热带和亚热带的山区种植。

（3）陆地与海洋的分布

海洋的热平衡与大陆不同。陆地表面的特征是夏季迅速变暖而冬季迅速变冷，而海洋的变暖和变冷过程均是缓慢进行的。出于这个原因，1月时北半球的陆地要比同纬度的海洋冷得多，而7月时这种情况正好相反。海洋对沿海地区和海岛的温度具有调节作用，即这些地区的全年温差与同纬度的大陆部分相比没有那么明显。

2. 温度对作物生长发育的影响

植物属于外热型（ektothrme，希腊语；ektos意为"外部的"，thermos意为"热量"）生物，它们代谢过程所需的绝大部分热能必须从周围环境中获得。内热型生物像哺乳动物和鸟类则与此不同，它们能够通过自身产热以及高效的能量转换来保持体温稳定。外热型生物的生命过程遵循反应速度—温度规则（RGT规则），该规则认为，温度每提高10℃，（生物）化学过程的速度提高2～3倍。基于这个比例，在环境温度和外热型生物为完成其发育（如一种植物生长至开花或籽粒成熟，或一个昆虫结束它的幼虫期）所需要的时间之间存在一种密切的关系。决定这个过程持续时间长短的是热量，更确切地说，是在一定时间范围内的积温。此外，要使发育能完全进行，环境温度必须超过一个阈值，即所谓的下限温度。如果环境温度降到某种生物所必需的下限温度以下，发育就会停止。

二、水

在植物生长与水分消耗之间存在着紧密的联系。人们采用蒸腾系数对植物的水分需求进行度量。

（一）土壤水分平衡

土壤由于接纳、储存和排出水分所造成的土壤水分含量随时间的变化统称为土壤水分平衡。

1. 渗透

表面水向土壤内部的浸润称为渗透。部分向下渗透的水穿过土体作为渗滤水进入地下水，另一部分则通过毛细管作用和土壤颗粒的吸附作用作为吸附水（束缚水）被固持在土壤中。田间持水量指水分自由通过土体时能被土壤所吸持的最大水量（度量单位为每100m³ 土壤中含有水的毫升数：mL H_2O/100cm² 土壤），它在很大程度上取决于能够吸持水分的毛管孔隙的大小。沙土的田间持水量较小（因为渗滤水的大部分可通过相对较大的孔洞向下流动），而具有最小毛孔的黏土，其田间持水量最大。

毛孔越小，水受到的吸附力就越大，这就是土壤水分吸力。土壤对水的吸力也决定着植物对土壤水分的利用能力。土壤水中能被植物根系所吸收的部分属于可利用的田间持水量。由于根系表面的吸水，在其周围的土壤中产生了一个"水分亏缺区"，由此造成了相邻土壤孔隙间的水势差。土壤中的水顺着水势差从含水量高的区域向水分亏缺区流动，从而持续不断地提供给根系吸收。

土壤中有一定量的水（具体量因土壤类型的不同而异）被较高的吸力所固持，土壤对这部分水的吸力大于植物根系对它们的吸力。植物不能利用的这部分水被称为死水。如果植物把土壤中所有可利用的水都吸光了，植物开始发生不可逆凋萎，随后达到永久萎蔫点。

2. 蒸发

蒸发是水从液态变为气态的过程。当这个过程发生在没有作物生长的土壤表面和水体表面时称为蒸发作用（Evaporation），而在植物表面的蒸发则称为蒸腾作用（Transpiration）。在植物群体密度高时，大多数情况下蒸腾作用要比蒸发作用高得多。这两种水分散失形式合起来叫作蒸散作用（Evapotranspiration）。

这里涉及两个不同的概念：

（1）潜在蒸散

指在给定的气候条件下，如果水的供应不受限制情况下一个地点的年蒸散量。

（2）实际蒸散

指该地点通过蒸散作用每年向大气中实际散发的水量。

那些潜在蒸散量高于平均降水量的地区被称为干旱地区，而那些蒸散量小于降水量的地区则称为湿润地区，在这些地区有地下水的形成。

（二）灌溉

气候影响的水分平衡，即降水量和潜在蒸散量之间的差异，也决定着不同气候带作物生产的条件。

在终年湿润热带，一般来说，降水量对全年大多数作物的生产是足够的。在季节性降水特征明显的地区，雨养农业局限在降水充足的阶段，特别在交替湿润热带和地中海式气候带的冬季降雨地区。在干旱季节长及降水少且不规律的地区，最好的情况就是降水后储存在土壤中的水分能被用于作物的生长。在这些地区，为提高产量或至少使种植成为可能，大多还需要进行人工灌溉。灌溉用水来自降水时截留储存的雨水或河流、水库，或深层地下水。深层地下水或是可更新地下水，或是古地下水。古地下水是在历史上雨水丰富时期所形成的、不可更新的水。

全球灌溉面积20世纪以来扩大了6倍。尽管这部分仅占全部可耕地面积的大约17%，但生产出全部食物的30%~40%。全世界灌溉面积中近2/3位于印度、中国、美国、中亚和巴基斯坦。在灌溉土地上所进行生产的最重要的作物是水稻和小麦。全世界的水稻生产大约90%都位于灌溉土地，主要分布在南亚和东南亚。尽管水稻也可以在旱地种植，但最好的生长条件还是淹水。这表明水稻对水具有较高的需求，这个需求本身在终年湿润热带，通常并非单单通过降水就能够被满足。在交替湿润的南亚季风地区，水稻主要种植在河谷地带，那里每年要被淹没一次（例如，恒河、湄公河）。在有些终年湿润的东南亚热带地区，人们采用梯田种植水稻。

灌溉农业一方面为保证世界粮食供应和农业地区的发展做出了贡献，但另一方面也带来了很大的环境问题。在许多地区，所消耗的水量远大于降水所补充的水量。在印度和中国的有些地区，地下水位年下降超过1米。这不仅影响农业生产，而且也威胁着自然生态系统。

灌溉农业带来的另一个问题是土壤盐渍化，主要在干旱地区，由于蒸发强烈，即使灌溉用水本身仅含有少量盐时，人工灌溉也会引起土壤中的盐含量逐渐升高。盐渍化过程只有通过充分的排水才能被阻止。通过设置排水沟或排水管，利用它们将多余的水排放掉，也就将溶解在水中的盐随之排掉了。然而由于这个措施需要消耗大量的水且成本高，故常被放弃。

在伊拉克，已有超过20%的灌溉农田由于盐渍化而被放弃。在巴基斯坦，盐渍化土壤使产量下降了30%。土壤盐分对作物的影响主要是受渗透势的影响（减少水分吸收）、某些离子的毒害作用（例如，钠、镁的氧化物和硫酸盐）以及土壤性质的改变（如通气性和根系可穿透性）。不同作物和不同品种对土壤溶液中盐浓度的敏感性是有区别的。耐盐性相对较强的如大麦和棉花，而马铃薯、小麦和许多豆科植物种类的耐盐性就较弱。人们正试图借助育种措施和基因技术来提高作物的耐盐性。

人工灌溉措施的效率相对较低，平均不到50%，即所输入水的绝大部分并没有被植物所利用，而是渗漏进入地下水、从表面流失抑或蒸发掉了。但通过一定的灌溉技术，不仅可以减少这种损失，还可以降低灌溉量。这种可能性在于将系统中排出的水应用于多次灌溉。当然，此方式会导致水中含盐量的不断增加，从而在应用上受到限制。节水的另一个方法是滴灌。在此过程中，铺设在耕地表面或地下的水管，通过管上的小洞以滴水方式将水分提供给植物根系（有时将养分溶解在水中同时提供给根系吸收）。这种方式可以将灌溉效率提高到95%。通过此种方式，由于有针对性地供水，土壤盐渍化的危险很小。滴灌主要被运用在果树和蔬菜的种植中。

第二章
农业资源利用与环境保护

第一节 农业固体废弃物资源利用

在农业生产、畜禽饲养、农副产品加工以及农村居民生活活动排出的废物，如植物秸秆、人和家畜的粪便等。农业废弃物的特点是除碳、氧、氢三元素的含量高达 65%~90% 外，还含有丰富的氮、磷、钾、钙、镁、硫等多种元素。它的化学组成，一类是天然高分子聚合物及混合物，如纤维素、淀粉、蛋白质、天然橡胶、果胶和木质素等；另一类是天然小分子化合物，如生物碱、氨基酸、单糖、抗生素、脂肪、脂肪酸、激素、黄酮素、酮类甾体化合物，稀类和各种碳氢化合物。尽管天然小分子化合物在植物体内含量甚微，但大多具有生理活性，因而具有重要的经济价值。

一、植物类废弃物利用

(一) 催腐剂堆肥

催腐剂是化学与生物技术相结合的边缘科技产品，其原理是依据微生物中的钾细菌、氮化细菌、磷细菌、放线菌等有益微生物的营养要求，以有机物（包括作物秸秆、杂草、生活垃圾等）为培养基，选用适合有益微生物营养要求的化学药品配制成定量氮、磷、钾、钙、镁、铁、硫等有营养的化学制剂，有效地改善了有益微生物的生态环境，加速了有机物分解腐烂，使用催腐剂堆腐秸秆可加速天然有益微生物的繁殖，促进粗蛋白、粗纤维的分解，并释放大量热量，使堆肥的温度快速提高，平均堆温达 54.5℃，不仅能杀灭秸秆中的致病真菌、虫卵和杂草种子，加速秸秆腐解，提高堆肥质量，使堆肥有机质含量比碳铵堆肥提高 54.9%、速效氮提高 10.3%、速效磷提高 76.9%、速效钾提高 68.3%，而且能定向培养钾细菌、放线菌等有益微生物，增加堆肥中活性有益微生物数量，使堆肥成为高效活性生物有机肥。催腐剂堆肥的优点是显著的增产增收效果，秸秆催腐应选择靠近水源的场所，地头、路旁平坦地，先将秸秆与水按照 1∶1.7 的比例充分湿透后用喷雾器将溶解的催腐剂均匀喷洒于秸秆上，然后把喷洒过催腐剂的秸秆堆垛宽 1.5 厘米、高 1 米左右，用泥密封，防止水分蒸发、养分流失，冬季为了节省堆腐时间，可在泥上加盖薄膜以提湿保温（厚约 1.5 厘米）。

（二）速腐剂堆肥

秸秆速腐剂是在"301"菌剂的基础上发展起来的，是由多种高效有益微生物和数十种酶类及无机添加剂组成的复合菌剂。将速腐剂加入秸秆中，在有水的条件下，菌株能大量分泌纤维素酶，在短期内可将秸秆粗纤维素分解为葡萄糖，因此，施入土壤后可迅速培肥土壤，减轻作物病虫害，刺激作物增产，实现用地、养地结合。秸秆速腐剂通常包括两部分：一是以分解纤维能力很强的腐生真菌为中心的秸秆腐熟剂，质量在 500 克，占速腐剂总数的 80%。它属于高温菌属，在堆沤秸秆时可产生 60℃ 以上的高温，20 天左右将各类秸秆堆腐成肥料。二是由固氮和有机无机磷细菌及钾细菌组成的增肥剂，重量为 200克，它要求 30℃~40℃ 的中温，在翻捣肥堆时加入，旨在提高堆肥效果。

（三）酵素菌堆肥

酵素菌是能够产生多种酶的好（兼）菌、酵母菌和霉菌组成的有益微生物群体。其原理是把原材料接菌堆制后，好气性细菌、霉菌吸收原材料间隙和材料中的氧气，进行生理活动及分解碳水化合物，释放二氧化碳，产生发酵热，进而使堆制的材料进一步分解发酵。在酵母菌的作用下，糖化的碳水化合物形成了酒精。这些物质为放线菌提供了充足的营养，促进了其对纤维质的分解。在及时翻堆、供给充足氧气的条件下，好气性细菌、霉菌、酵母菌和放线菌快速繁殖，菌量增多，使配料不断分解、发酵及熟化，最终形成优质的堆肥。堆腐方法是：先将秸秆在堆肥池外喷水湿透，使含水量达到 50%~60%，依此将鸡粪均匀地铺撒在秸秆上，麸子和红糖均匀地撒在鸡粪上，钙、镁、磷肥和酵素菌均匀地搅拌在一起，再均匀地撒在麸子和红糖上，然后用叉拌匀后，挑入简易堆肥池里，低宽 2厘米左右，堆高 1.8~2 厘米，顶部呈圆拱形，顶端用塑料薄膜覆盖，防止雨水淋入。优质堆肥的标准是：培养发酵的温度必须升至 60℃~70℃，堆肥变成黄褐色至棕褐色，有光泽，腐熟好的堆肥无氨味、无酸臭味。有点霉味和发酵味最优，用嘴品味，舌头无刺激感为优，手握堆肥配料松软，有弹性感，纤维变脆，轻压便碎。

二、畜禽粪便资源利用

(一) 粪便饲料化技术

畜禽粪便中含有未消化的粗蛋白、消化蛋白、粗纤维、粗脂肪和矿物质,可作为饲料利用畜禽粪便的营养成分丰富,但含有许多有害物质,包括病原菌微生物(细菌、病毒、寄生虫)、化学物质(真菌毒素、激素、抗生素等各种饲料添加剂)、杀虫剂、有毒金属(铜、汞)等,须注意的是在使用畜禽粪便饲料化时,要禁用畜禽处于治疗期的粪便,在动物宰杀前减少饲料的使用量或停用粪便饲料。粪便饲料化的方法有:①干燥法:粪便处理的常用方法,尤其以处理鸡粪用得最多。②青贮法:畜禽粪便青贮饲料是把畜禽粪便单独或与其他青绿饲料(秸秆、蔬菜、糠麸等)采用畜禽技术保存饲料中主要营养成分的一类饲料。主要的原理是利用畜禽粪便和青绿饲料厌氧发酵过程中产生的大量乳酸菌,降低饲料酸碱度,抑制或杀死青贮饲料中的其他微生物繁殖,从而达到保存饲料营养成分的目的。③有氧发酵:在处理过程中,需要充气加热,产品干燥所以消耗大量的能源。

(二) 粪便燃料化技术

沼气处理法,其原理是利用受控制的厌氧细菌的分解作用,将有机物(碳水化合物、蛋白质和脂肪),经过厌氧消化作用转化为沼气和二氧化碳。直接焚烧法是废弃物热处理中最重要的方法,它是可燃性废弃物在高温下与氧气发生,将废弃物转变成气体,同时可以利用燃烧产生的热量进行发电。这一技术在我国主要用于生活垃圾的处理,很少用于畜禽粪便处理,但在国外的养殖业中有一定的应用。

1. 鸡粪资源化技术

鸡饲料的营养很高,而鸡无牙齿,消化短,消化吸收能力较差,导致鸡饲料 40% ~ 70% 的营养成分被排出体外。一般情况下,在营养价值上,雏鸡粪高于成年鸡粪,肉鸡粪高于蛋鸡粪。鸡粪的营养成分高于大麦与玉米,鸡粪的肥料成分也高于其他畜禽的粪便。鸡粪中有鸡饲料、皮屑、羽毛、少量的破蛋液以及未消化的饲料和没有吸收的营养成分,此外还含有大量的钙、磷等常量元素,铁、铜、锌、镁等微量元素以及维生素 B_2、胆碱、维生素 B_{12} 等多种维生素。鸡粪饲料化的方法有以下四种:一是干燥法;二是发酵处理法,发酵处理比干燥具有省能源、成本低、易推广的优点,同时也达到了灭菌、去臭的目的;三是化学处理法,将鸡粪晾干,然后加入福尔马林、硫酸等化学药剂处理 24 小时,再晾干处理;四是热喷处理法,类似"爆米花"技术,先将鸡粪晾干,注入热喷机中,喷放后粉碎包装，具有消毒、除臭、膨松、味香等优点。

鸡类燃料化技术以鸡粪和农作物秸秆为主原料，应用多维复合酶菌进行发酵生产而成，多维复合酶菌是由能产生多种酶的耐热性芽孢杆菌群、乳酸菌群、双歧杆菌群、酵母菌群等106种有益微生物组成的微生态发酵制剂，对人畜无毒，无染污，使用安全，能固氮、解磷、解钾，同时分解化学农药以及化肥的残留物质，对种植业和养殖业有增产、优质、抗病的作用，如果再有针对性地配以不同元素，便会形成蔬菜、花卉、果树、粮棉油等各种作物的系列专用肥。

2. 猪粪资源化技术

我国的养猪业目前以农户散养为主，尽管生产水平较低，却可以做到粮食就地转化，粪污就地消纳，却是一种较原始、功能稳定、和谐的生态系统。猪粪的利用主要表现在生态工程效益上。建立沼气池能实现秸秆能源的循环利用。沼气池的原料为畜禽粪便和秸秆，沼气池的建立体现了立体、循环农业的发展要求。"猪—沼—果"模式，实现了建沼气池、猪（牛、鸡）养殖、果（粮、菜、鱼）有机结合，实行"一池三改"技术，既有效解决了秸秆、人畜粪便等废弃物的处理问题，又达到了节约成本、增加收入的目的。沼气可以用来照明、做饭，而且可以和柴油混合作为混合燃料。同时，沼液可以来作喂鱼、养猪。

对动物粪便处理主要有以下三种方式：第一种是建大中型沼气工程，第二种是在大中小型养殖场建设粪便处理池，第三种是建设户用沼气池。农业农村部秸秆沼气中温发酵集中供气工程项目在财政部的大力支持下，在全国陆续开工建设，所产沼气送到农户家中解决了农民的烧水做饭问题，沼液、沼渣可以作为肥料直接还田，实现了秸秆资源的多层次利用和农业生态系统的良性循环，提高了农民的生活质量，减少了资源浪费，改变了农户的传统用能方式，找到了一条新路子，对于提高农村能源效益、社会效益和环境质量，推动了农村"两个文明"建设，具有重大的经济意义和战略意义。

第二节　农业水资源利用

一、我国农业水资源

水资源指可利用或有可能被利用的水源，这种水源具有足够的数量和可用的质量，且必须具备可以更新补充、可供永续利用的特点。水资源包含河流、湖泊、地下水等水源，还有降雨、降雪等形成的水源，这些属于可利用的水源；而有可能被利用的水源有海水，全球海水占总水资源的97.3%，可淡水只有2.7%，如果能顺利引用海水，将会大大解决全球用水紧缺的问题。

农业用水主要包括农田灌溉用水、林牧渔用水和农村生活用水三大部分。其中，以农田灌溉用水最多，占到农业用水总量的86%，而与农业相关的其他生产和生活用水仅占很小的比重。我国虽地大物博，水资源总量丰富，但是人均占有量却很低，而我国又是一个农业大国，农业是最依赖自然资源和环境的部门，为了我国将来更好地发展，应该优化农田灌溉、林牧渔业和农村生活三方面的用水。

二、我国农业水资源高效利用

农业水资源高效利用是指最大限度地发挥农业水资源的经济、社会和生态功能，以最少的农业水资源利用与消耗来获取最大的综合效益，最终实现农业水资源的全面可持续利用，以农业水资源的高效和可持续利用来推动经济、社会和生态的全面可持续发展。

农业水资源高效利用体现在水资源的消耗过程中，高效利用包含了水资源在灌溉利用中的高效率和高效益这两个方面。在具体的农业生产过程中农业水资源高效利用的内涵是指使农业生产全过程中的水量损失降低到最低限度，使单位灌溉水量的粮食或其他农产品产量的转化效率达到较好的指标，使农业生产得到较好的经济效益。农业水资源的高效利用是在水资源的消耗过程中实现的，使水资源在投入和利用的过程中能产生更大的经济效益；最好是农民在日常生活中做到节约用水，提高水资源的利用效率，实现一水多用、循环使用。

三、我国水资源合理利用的措施

（一）发展节水农业

节水农业是指合理开发利用水资源，用工程技术、农业技术及管理技术达到提高农业用水效益的目的，包括节水灌溉农业和旱地农业。发展节水农业是保障我国农业平稳发展及国民经济稳定快速发展和水资源可持续利用的一项重大战略措施，是构建节水型社会的重要组成部分。同时也是粮食生产安全、改善生态环境的迫切要求，是一个长期的战略性任务。

发展节水农业即实现农业水资源的可持续利用，变废为宝、一水多用，提高用水效率。所以，必须以生态学为理论基础，秉承可持续发展理念，采用系统的思维方式，意识为先、科技为支撑、管理是关键，全面考虑节水问题。

1. 意识为先

节水关乎每一个人的生命安危，应呼吁全民节水，增强全民对农业水资源和环境保护的意识。特别是在农村，应加强"三农"建设，提高农民的整体意识。

在这里，政府的引导作用是非常关键的：①各级政府应当在农村及城市加大宣传和奖惩力度；②我国应该在农业水资源和环境保护方面加大投资；③各级政府应当引导和推进本地区农业水资源的市场化改革，改善农业水资源和环境保护的条件，充分发挥市场机制的作用，提高农民对水资源和水环境保护的主动性，让它成为农民的自觉行动，从而促进农业水资源社会化，水资源高效利用与水环境保护的有机统一。

2. 科技为支撑

我国农业占全国整个用水量的 63.42%，传统的漫灌浇地方式仍在大部分地区沿用，用水效率极低，这也说明农业节水的潜力很大。因此，一方面，要改善作物种质，培育耗水量少的优良品种，引导农民多种抗旱的作物，例如，土豆的种植；另一方面，应大力推广滴灌等先进浇灌技术，这些都需要以科技为支撑。因此，必须强化农业水资源利用与水环境监测的薄弱环节，通过政府投入整合现有的科研资源进行系统研究，不断推出先进的科研成果，并以科技研究为支撑，不断开发适用于农业的用水模式和配套的技术设备。

3. 管理是关键

国际上公认，有效的管理可以节水 50% 左右。在我国，水资源的不恰当利用很大程度上是由农业水资源管理机制的落后、失效造成的，我国农业水资源在法律管理、民主管理和经济管理手段方面都有待加强的。

节水应成为全民族的行为准则，专家呼吁应为节水立法。让人民知道节水的好处，即利国利民。

民主协商是实现农业水资源有效管理的重要组成部分。用户是节水的主体，其行为和素质在某种程度上决定了节水的成败。

节水还应该顺应市场经济的要求，动用经济杠杆，在利益的驱使下使用水大户变成节水大户。应该允许在一定的管理下进行自由买卖，通过市场机制实现水资源灵活地从低效率用户向高效率用户转移，实现水资源优化配置。

（二）建立合理适用的水资源法律

外国的水资源立法经过多年的实践证明及多方研究得出的经验值得我国借鉴。借此探索出适合我国的水资源法律,以此规范我国水资源的合理利用。因此,我国政府应建立健全全面配套的水资源法律体系,避免法律法规的原则性和执行的随意性,应当明确在农业水资源保护法律法规中各方责任与权利关系。还应制定保护农业水资源的专门法律法规,对农业水资源的开发、利用和保护提供强有力的法律保障,使农业水资源有法可依。

(三)完善水权体系,建立水市场

必须建立一套包括水权的界定、分配和转让在内的较为完善的水权制度体系。产权明晰是水资源准市场机制运行的前提。如果实施某一行为的权利能够交换,这一权利将会转移给给予最大价值的人,在这一过程中,权利必须能够被获得、分割、组合,以便实现其最大市场价值。水资源市场的运作能够提高水资源的利用效率,从而提高农业水资源的利用效率。水资源市场的有效配置应该实现现行技术和资源可获得的约束条件下社会净收益最大化。推进水价改革,建立完善的水价体系,使其充分发挥经济杠杆的作用,合理制定水价制度及水费收取规定,促进农业高效用水,提高农民的节水意识。水市场的建立不仅需要管理者来经营管理,同时也需要人民的监督与管理。水市场建立完善将有利于农业水资源市场的建立及运行,所以,让人民共同参与管理,才能更好地确保自身利益。为了自身利益,人民将会相互监督,节约用水。

四、农业生产对水环境的影响

(一)农业生产的分类

目前,农业生产的内容非常广泛。广义的农业生产包括粮食、油料、烟草、茶果、林木、蔬菜、桑蚕、畜牧、水产养殖等多个专业种类。任何一个专业部门的生产都是农业生产的组成部分,任何一个专业部门的生产活动都离不开水资源,需要水作为其主要的基础原料,在其形成成品或半成品的初加工中,需要水资源来参与、冲洗、稀释或拌和,同时也产生部分污水,随降雨或灌溉径流渗入地下或流入地表水域。

(二)农业生产的要素

现在的农业生产,其生产要素更为多样,除了人工外,还包括种子(苗)、土(场)地、水、肥料、饲料、农膜、农药、生产工具机械、耕作方式、农田水利工程等水利水保措施和农业技术措施。

（三）农业生产与水环境控制对策

1. 加强管理，依法治水

根据现有水资源法规，严格执法，控制用水，节约用水；控制排污，超标排污停止运营，实行节水灌溉方式，如渗灌、滴灌、喷灌等微灌技术方式，减小大水漫灌和沟灌面积，减少水土流失和污染物的增加，减少水污染。

2. 科学施肥，合理用药

根据不同地块土壤质地，通过科学测定确定施肥配方，按方配肥，减少化肥使用量，提高农产品数量和质量，中科院教授侯彦林说，我国土壤化肥与有机肥的一般比例应为2∶3~3∶2。提倡综合防治技术，包括耕作制度、栽培技术、培育良种等多种农业技术措施，来消灭和减轻病虫害，从而减少农药用量，减轻水污染。

3. 改革机构，依法治污

环境有关部门行业职责进行整合，统一归并到水务部门，变多头管水为一头主水，对水资源的生产、供应、调配、污水排放、污水监控、污水处理实行一条龙全面管理。从严执法、依法治污。

4. 合理布局，稳定发展畜牧业

规模化养殖场进行合理布局，根据当地水土资源及水环境容量确定发展规模，对粪便污水进行无害化、资源化处理方可排放，否则停止饲养，做到农牧渔配套发展，实现资源的综合利用。

5. 退耕还林、还草、还湖

对坡度为25°以上的山坡耕地，必须退耕还林、还草，对一些沟岸、湿地严禁垦荒，扩大草地覆盖率和水域湿地面积，杜绝围垦湖泊洼地，还之以湖，进而扩大水环境容量，增加土地"肺肾"功能，减少水污染比例。

6. 学习国际政策措施

开征一些环境保护方面的生态税种，比如，向农业生产者征收垃圾税、水污染税，向生产销售商征收高额污染产品制造销售税，促进企业改进工艺，提高技术，促进环保。

7. 加大研发力度，设计制造环保产品

加大环保力度，重视环保与发展的比例关系，做到资源有效配置和保护，保持经济的协调可持续发展。

综上所述，在农业生产中化肥、农药、农膜和畜牧业污染正逐年递增。农业污染已经成为面源污染主要方面。水环境容量逐渐减小，水污染比重愈来愈大，已经影响到农产品的数量和质量。食品安全受到影响，发展生态农业，限制农药、化肥、农膜用量，合理发展养殖业，推广"秸秆生物反应堆"技术和"沼气工程"势在必行。

第三节 农业气候资源与环境保护

一、农业气候资源的特征

气候资源是自然资源的组成部分，与其他类型的自然资源相比，农业气候资源具有以下主要特征：

（一）农业气候资源是一种循环可再生的资源

由于太阳、地球位置及其运动特点和地球生态系统的相对稳定性，形成了各种气候的无限循环性，光、热、水、气等农业气候要素不断循环和更新，因而农业气候资源是一种可再生资源，有随时间变化的周期性和随机波动性。

（二）具有明显的时空变化规律

农业气候资源在地球表面呈现出有规律的不均匀分布，光、热、水资源的总量一般由赤道向两极递减，且由于地球表面的不均匀和生态系统的复杂性，形成了地球上多种多样的农业气候资源类型，从而形成了全球范围内农业生产类型的多样性。农业气候资源还随天气、气候不断变化，在明显周期性变化特点之上叠加较大的不稳定性。由于地球的自转和公转，农业气候资源形成了以日和年为周期的循环变化。例如，气温和太阳辐射随昼夜和季节变化，形成生物特征有一定的节律。同时，由于气候条件年际间的波动，导致农业气候资源年际间的变化，从而引起作物产量的波动。

（三）农业气候资源要素的整体性和不可取代性

农业气候资源要素之间相互依存和相互制约以及不可替代性，构成了农业气候资源的整体性。在农业气候资源系统中，其中一个因子的变化，往往会引起其他因子的连锁反应，并综合地影响农作物的生长发育和产量形成，而且，某一因子的过量或不足，均显著影响农业气候资源的有效利用。任一有利的农业气候要素不能因其有利而替代另一不利农业气候条件，如干旱地区，光、热条件充足，水分缺少，但不会因光、热更多就可替代水分对农业生产的作用，即农业生产对农业气候资源要素的要求缺一不可，要素之间是不可取代的。

（四）农业气候资源的有限性和可改造性

虽然农业气候资源总体上看似一种取之不尽、用之不竭的可再生资源，但就一定的时空来说又是有限的，因而各地的农业生产不仅类型不同，还有季节性限制，所以，必须因地制宜，不误农时，才会有较好的收成。在一定的时空范围和条件下，施加有力措施（或不良人为活动）可改善或恶化气候资源和环境。

二、精细化农业气候区划

（一）技术思路

精细化农业气候区划是以常规气候观测、卫星遥感、农业背景、地理信息等资料为基础数据源，在"3S"集成技术支持下，通过建立气候、遥感与农业信息的耦合模型，获得精细化的农业气候资源时空分布数据集。在总结分析以往农业气候区划成果的基础上，确定精细化农业气候区划的技术方法、指标体系，建立农业气候资源分析与农业气候区划模型。基于 Web GIS 技术，开发交互式精细化农业气候区划产品制作平台和网络共享发布与服务平台，形成可以业务化运行的精细化农业气候区划应用服务系统。

GIS 技术在农业气候区划中的应用，不但弥补了常规气象观测站点数量少、资料有限的缺陷，还提高了区划精度和效率。传统农业气候区划所用的气候资料只限于气象观测站点，区划精度局限于行政区，一般是县级行政区。而对行政区内因地形、地貌差异而引起的区内差异难以体现。由于插值技术的运用，精细化农业气候区划精度可达到 500 米×500 米，甚至 100 米×100 米，精度大大提高，实现了由过去粗放型区划向精准型区划的突破。

（二）基于 GIS 的精细化农业气候区划的关键技术

传统农业气候区划往往侧重于来自气象站点的气候指标，在分析无站点复杂地形的局地气候问题时，一般是在考虑海拔高度的背景下参照邻近气象站点资料，难以精确地说明局地气候问题。

GIS 在气候资源区划中的应用，核心是气候资源的推算和空间分析，关键在于找到一种空间模型，使气象要素很好地与地理信息结合起来。

1. 气候资料网格推算模型的建立

气候分布与地形、地貌等密切相关，要详细了解这种关系，可用多元回归分析的方法，将气候要素与经度、纬度、海拔高度、坡度、坡向等地形因子进行相关分析，并建立小网格推算模型。

2. 地表网格单元气候资料的推算

气候资源是一个空间数据，空间数据的特征是空间中的一个点，不仅具有一定的属性值，且具有相应的空间位置。空间位置的定位可以用某一种地理坐标如经纬网或公里网来描述。当知道某个网格点的地理位置、地形属性值时，便可以通过网格推算模型进行推算，求出该点相应的属性值，即网格点的数据。

3. 气候资源空间分析及产品输出

利用 GIS 技术可以使气候资源空间数据以图像的形式表示出来。经过数次中值滤波，滤掉噪声，应用平滑处理除去一些细碎的斑点，再根据每一种气象要素图像分级标准对数据图像进行分级运算，得到气候资源栅格图像，将此栅格文件转换为多边形矢量文件，再建立拓扑关系，使每个多边形获取相应的属性值，便得到气候资源等值线分布图。若对不同属性的多边形赋予不同的颜色，则生成气候资源色斑图。最后加上标题、图例，即完成了气候资源矢量图的制作。

4. 多因子综合评价及产品输出

多因子统计分析被广泛地应用于数据分类和综合评价，是 GIS 的重要组成部分。综合评价一般经过评价因子的选择、因子权重的确定、因子内各类别对评价目标影响程度的确定、用某种方法进行多因子综合评分等几个过程。

多因子综合评价，首先对所选的每一个因子进行小网格资料推算，得到其地理空间数据。在此基础上，根据区划指标和每一因子不同等级的评分标准，从多幅地图中提取数据，进行地图逻辑运算，通过条件组合、分析判断，最后经过数理统计，得到区划结果的数字地图，再经过滤波、平滑、分级、栅格转矢量、拓扑、赋色等处理，完成区划信息的提取。这样，区划专题图就以图层的形式加入空间数据库中，从而实现区划图的浏览、输出等。

（三）区划产品与服务

在完成区划和区划专题图制作后，用户需要制作相应的区划产品并进行服务。常见的区划产品有农业气候区划报告和农业气候区划图集等。

1. 农业气候区划报告的撰写

报告主要涉及作物生长发育对气候条件的分析、区划指标的提出、区划数据准备的说明、区划方法及区划方案的说明、区划结果的分析以及给出农业生产建议等内容。其撰写的主要步骤为：分析作物生长发育的农业气候条件，如光照、温度、降水、生长期的气温日较差等；对区划指标进行说明，需要分析哪些因子是主导因子（否定要素的考虑），哪些因子是辅助因子以及各因子影响作物生长发育和品质的哪些方面等（整体要素的考虑）；对区划数据的说明，包括农业气候区划数据的来源、获取的原理与方法、资料分辨率、数据的地理定位方法和精度等；区划方法与区划方案的说明，例如，选择的区划方法及原理，同时给出选择该方法的理由；设计区划方案并给出区划方案的设计流程图；区划结果的分析和检验，得到初步结果后，要对区划结果进行分析和检验，确认区划结果的合理性，如果不合理，应找出区划结果不合理的原因重新区划，直至结果正确；给出农业生产建议，区划的最终目的是要指导农业生产或给政府决策部门和农业生产经营者相关的参考意见，提出的建议要客观实用，要充分体现区划成果的作用和意义。

2. 农业气候区划产品的服务

利用"精细化农业气候区划产品网络发布软件"发布信息。该软件以"精细化农业气候区划产品制作软件"生成的区划产品库为基础，服务器端初步考虑只设国家和省两级。用户主要有两大社会公众群体：一是普通社会大众，他们通过家用电脑联网，即可获取区划产品库中的各类已有静态信息；二是农业科技工作者、农业生产管理者、农产品经营者、农户以及其他涉农部门的相关科研与技术人员，他们可以通过本系统的引导，自己给定气候要素指标，了解不同类别的农业气候资源空间分布及特色农业区划的气候分布状况。

特殊服务方式：按用户提出的一些感兴趣的服务方式，例如专题服务或通过自助式农业气候区划平台服务等方式进行服务。例如，进行园林绿化树木以及特色果树和花卉等的气候区划；在引种及气候可行性论证方面，为引进新品种以及对现有品种的科学管理提供依据；为农业保险提供气候风险区划等。

其他咨询服务：利用精细化农业气候区划成果做好其他咨询服务。例如，根据精细化农业气候区划成果提供对包括中草药、新品种的大田作物以及蔬菜等引种方面的咨询服务。

三、农业大气污染的防治措施

农业大气污染防治主要可以从以下五个方面进行：

一是治理污染源，严格执行废气排放标准。治理在燃烧过程中排出的污染物，主要：改变燃料的结构组成，发展煤气设施；开发新能源、无污染能源，如地热、太阳能、风能、水力等；改进燃烧装置和燃烧技术，尽量使燃料充分燃烧，消除燃烧不充分的污染物；采取洗涤、过滤、吸附等方法，消除燃烧过程中的烟尘，如煤的脱硫技术。

二是开展农田大气污染监测，制定实施农田大气环境质量标准，通过监测及时掌握污染动态和采取相应措施，从而减少污染危害。

三是种植吸收大气污染物的植物。这也是目前治理大气污染的主要措施，而且效果良好，但周期长。例如，可以种植柳树、玫瑰等植物吸收大气中的二氧化硫；常春藤、芦荟、吊兰、君子兰、仙人掌等可以吸收一氧化碳；云杉、垂柳、刺槐、杨树等对臭氧有吸收作用；而对大气氟化物污染具有一定抗性和吸收净化能力的植物种类有山矾科的光叶山矾，山茶科的大头茶、红花油茶、茶花，大戟科的银柴，桑科的小叶榕、菩提榕、环榕、桑树等。

四是加强田间管理，合理施肥，提高作物抗污染能力。在作物上喷洒某些化学物质可以减轻污染危害的作用，如喷石灰乳液可减轻二氧化硫和氟化氢的危害。

五是作物育种，培育抗大气污染能力强的新品种，从本质上提高农业生态系统的稳定性。

大气污染是一个复杂的并涉及多方面的环境问题，这些因素除了植物本身外，还有气候的、土壤的、污染物本身性质的，以及公众的环境意识等。大气污染与农业生产息息相关，关系到一个国家的稳定与健康发展。目前，虽然有很多治理农田大气污染的方法、措施，但都不够系统。从根本上说，防治大气污染，还得从人们的环保意识和对新能源的开发着手，同时秉承可持续发展理论，才能从本质上解决问题。

第四节　土地资源利用与环境保护

一、土地污染的成因、形式和现状

（一）土壤污染的成因

土壤污染是指人类活动或自然过程产生的污染物质通过各种途径输入土壤，其数量和速度超过了土壤自净作用的速度，打破了污染物在自然环境中的动态平衡，使污染的积累过程占据优势，导致土壤环境正常功能的失调和土壤质量的下降；或者土壤生态发生明显变异，导致土壤微生物区系（种类、数量和活性）的变化，导致土壤酶活性的减少；同时，由于土壤环境中污染物的迁移转化，从而引起大气、水体和生物的污染，并通过食物链最终影响到人类的健康。可以看出，土壤的污染是由两个方面形成的：一个是人为因素，如发生在农业生产过程中的农药使用不当等，以及其他人类活动中如工业污水流经土地引起的土壤污染等；另一个就是自然因素所造成的污染，自然因素造成的土壤污染其因果关系和机理较为复杂，我国农业用地的污染主要来自不当的农业种植方式，如滥用农药、化肥等和工业污染所带来的土壤重金属含量超过国家和世界标准许可的范围。

（二）土壤污染的表现形式

土壤污染也称作"看不见的污染"，土壤污染主要分为土壤生态污染、重金属污染、农药污染等，在人们将注意力转向土壤污染时，关注农药、重金属、污水灌溉等造成的土壤污染，这本无可厚非，但是在土壤污染防治时应该着眼于更大范围，土壤污染、土地退化是土壤质量变化过程的不同方面，是人为因素和自然因素两个方面相互作用的结果，只有从大的视野考察问题才不可能陷入狭隘"就事论事"的局限。从目前大背景下分析，土壤污染是环境污染一个部分，而土壤污染可分为在农业生产本身活动所引起的土壤污染和其他原因产生的土壤污染，如工业污水排放。土壤在生物圈中所处的特殊位置决定了土壤是最为容易受到污染的生态系统，现代意义上的环境污染是以人为因素为主，在我国的河流中，82%的河流受到不同程度污染，我国的空气质量总体呈下降趋势，酸雨区范围不断扩大。从小区域上看，我国农村的小工厂、作坊和低水平的城镇化是土壤污染的直接原因之一。

（三）土壤污染的直接危害

简单来说，土壤污染有三个方面的直接危害，土壤污染主要分为土壤生态污染、重金属污染、农药污染等，农作物、食品被污染的消息经常见诸媒体，土壤污染已经严重地威胁到人民的身体健康和生命安全；我国每年有大量的农产品出口到国外，而且大部分是欧美国家，这些国家在防治土壤污染带来的危害方面有比较完整的法律、标准和检验手段，我国的农产品多次被检查不合格，客观上土壤污染是罪魁祸首。土壤生物污染，它可以将传染性病菌、病毒、虫卵带入土壤，危及植物和人类自身的安全，SARS病毒和禽流感就可以通过这样的途径传播。土壤污染的另一个主要危害是对土壤本身，土壤污染导致土壤环境质量下降、土壤结构破坏、理化性质发生变异，其直接后果是农产品产量下降、农产品受到污染。土壤在受到污染后，即使在人为干预的情况下，土壤污染的恢复需要一个很长的时间周期，有的甚至无法恢复，恢复的经济代价远远大于采取防止措施的代价。

二、我国土壤污染防治的法律法规

我国土壤污染整治的相关法律除了《中华人民共和国农业法》对农业环境与资源保护规定之外，农业土壤污染防治的法律散见于农业法律法规和环境保护法律之中，主要法律法规有《中华人民共和国农业法》《中华人民共和国环境影响评价法》《中华人民共和国土地法》《中华人民共和国固体废物污染环境防治法》《中华人民共和国环境保护法》《中华人民共和国防沙治沙法》《中华人民共和国水土保持法》《中华人民共和国水法》《中华人民共和国水污染防治法》《中华人民共和国森林法》《中华人民共和国草原法》《中华人民共和国土地复垦法》《中华人民共和国基本农田保护法条例》和《农药管理条例》等。其中，《中华人民共和国农业法》《中华人民共和国水土保持法》《中华人民共和国防沙治沙法》《中华人民共和国土地法》《中华人民共和国基本农田保护法》的部分内容直接与土壤污染整治有关。从法律内容上分析，我国存在一个以农业法为主的防治土壤污染法律法规，所不同的是，这不是一个单独的法律文件，而是由众多法律法规组成的。

我国土壤保护相关法律内容：根据我国法律法规中有关土壤污染防治内容，根据原则、保护对象、保护方法、政府职责和法律责任等将土壤污染防治的主要内容合并如下：

原则：《中华人民共和国农业法》明确规定："国家坚持科教兴农和农业可持续发展的方针。"可持续发展原则的基本内涵演绎在农业与土壤关系上，农业的发展不能以牺牲土壤为代价，不能损害下一代人在土壤方面的利益，实现农业可持续发展离不开土壤这个自然基础，离不开农业生态系统中的土壤。

农业：《中华人民共和国农业法》规定："本法所称农业，是指种植业、林业、畜牧业和渔业等产业，包括与其直接相关的产前、产中、产后服务。"这个农业概念与我国传统的农业概念不同，我国传统农业一般仅指种植业，而不包括渔业、畜牧业、林业等。

土壤：我国法律中没有使用土壤这个概念，我国农业法律和环境法律中大都称之为土地或者农业用地、农村土地和耕地，《中华人民共和国土地法》第二条规定："本法所称农村土地，是指农民集体所有和国家所有依法由农民集体使用的耕地、林地、草地，以及其他依法用于农业的土地。"而《中华人民共和国基本农田保护法》第二条则规定："本条例所称基本农田，是指按照一定时期人口和社会经济发展对农产品的需求，依据土地利用总体规划确定的不得占用的耕地。"《中华人民共和国农业法》第五十八条将土壤称为农用地，农用地的范围比耕地、农村土地更宽泛一些，反映出现代农业和土壤之间的关系。

主要管理制度和措施：从法律法规的内容来看，我国土壤保护法律散见于各个法律法规之中，众所周知，我国很多环境法律按照环境要素、部门或者专业而制定的，归纳起来，主要与土壤污染防治有关的法律及其管理制度有：土地规划制度，要求各级政府根据本地实际情况制订土地开发、耕地保护等规划；土地承包合同制，这是我国土地法律中重要的一项制度，我国《中华人民共和国土地法》规定土地承包合同必须载明所承包土地的等级，承包人赋有保护土地质量的责任；"谁投资谁受益"制度，《中华人民共和国草原法》第二十六条规定："国家鼓励单位和个人投资建设草原，按照谁投资、谁受益的原则保护草原投资建设者的合法权益。"将草原环境、土壤保护与牧业的发展结合起来，将土壤污染整治与收益直接结合起来；"谁污染谁负责"制度，这是我国环境法律的一个基本制度，让土壤污染者承担污染治理的费用。

我国现有法律法规的缺失：我国在土壤污染防治立法方面基本上是空白，本文将相关的土壤污染防治法律拼凑成一个土壤污染防治的"法律系统"，这个系统是支离破碎的，这些内容不是来自一个法律法规，不是来自一个法律部门的法律，迄今为止，我国还没有一部土壤污染防治法，根据我国农业、环境法律的立法序列，我国有《中华人民共和国水土保持法》《中华人民共和国防沙治沙法》《土地复垦法》和《中华人民共和国基本农田保护法》，而没有土壤污染防治法或者土壤污染整治法，水土保持、防沙治沙、农田保护与土壤污染防治均是目前我国农业发展面临的主要问题，从较短的时间尺度上看，土壤污染对我国农业可持续发展的影响更大，对农业发展造成的冲击更大。随着我国城市化、工业化进程的加深，土壤污染的状况将会越来越严重，制定土壤污染防治法律刻不容缓。再者，我国现行农业、环境法律法规系统性较差，环境法律概括性的规定多、操作性差，保护土地的环境法律很多，有国际环境法律如联合国的《联合国防治荒漠化公约》，国内环境法律与土壤污染防治有关的法律很多，如前面提到的，土壤污染发生在农业生产过程中、发生在农业生态系统的管理之中，土壤污染的整治也必须在这个过程中实施，水污染防治、固体废物防治、水土流失防治、土壤退化等各种法律的执行都与这个过程存在时间、空间上的联系，避免法律之间的冲突十分必要，整合兼容各种不同的法律法规使之发挥更大的作用。

三、我国土壤污染防治需要注意的问题

（一）政府在土壤污染防治的职责

1. 综合管理部门的职责

土壤污染主要来自两个方面：一个是工业排污、矿藏开发以及环境污染造成的土壤污染，本文将其称为外部污染；另一个则是在农业生产过程中由于农业生产方式不当而引起的土壤污染，称为内部污染，如果不加区分地将土壤污染防治的职责由主管部门或者生产者承担是不合理的。我国环境污染防治一般按照专业和综合部门划分，从我国目前的情况，土壤污染防治主要由生态环境部门履行，属于综合部门管理，生态环境部门职责应该集中于外部因素所造成的土壤污染；我国《中华人民共和国农业法》第六十六条规定："县级以上人民政府应当采取措施，督促有关单位进行治理，防治废水、废气和固体废弃物对农业生态环境的污染。排放废水、废气和固体废弃物造成农业生态环境污染事故的，由环境保护行政主管部门或者农业行政主管部门依法调查处理；给农民和农业生产经营组织造成损失的，有关责任者应当依法赔偿。"这一条规定应该成为政府履行其法定职责的依据，并可以在土壤污染防治法中进一步细化。

2. 农业管理部门的职责

土壤污染的另一个原因是农业生产不合理，作为农业的组织者和管理者应该承担这个责任，在环境哲学看来，环境污染都源于不合理的生产方式，因此，矫正不合理的农业生产方式，减少土壤污染是农业管理部门的职责所在，推广适合当地农业环境的、先进的农业生产模式才能从根本上防止土壤污染，我国《中华人民共和国农业法》第八章"农业资源与农业环境保护"共计10条在土地质量、转基因农作物、退耕还林、草原保护、小流域治理、环境污染防治、农药管理等方面有比较全面的规定。这些规定应该在土壤污染防治法规中具体化、规范化，尤其是农业部门在土壤污染防治中职责与工作范围有待明确。

（二）利用市场机制整治土壤污染

在市场经济条件下，利用现有的法律法规，充分发挥市场配置资源的优势，是整治土壤污染的基础性机制，将土壤污染治理与经济利益联系起来，通过整治土壤污染并获取经济利益；将土地使用权或者承包经营权与经营者的经济利益和效益与土壤污染的防治结合起来，《中华人民共和国土地法》第十七条规定："承包方承担下列义务：维持土地的农业用途，不得用于非农建设；依法保护和合理利用土地，不得给土地造成永久性损害。"

土地承包合同必须明确土地承包人防治土壤污染的权利、义务和责任，将土壤污染的防治作为一项基本内容写入土地承包合同；鼓励社会组织和个人承包荒山、荒地和被污染的土地，依照法律给予经济补偿并由其享有治理土壤污染带来的经济收益；对造成土壤污染的人，实行"污染者付费"的原则，长期以来，土壤污染的赔偿一般局限于对人身和农作物造成的直接损失，应将土壤污染整治、恢复的费用纳入赔偿范围。

（三）划定土壤污染的区域

土壤污染一般表现为区域性的污染，确定农业土壤污染的区域范围，土壤污染整治才能做到有的放矢，日本《中华人民共和国土壤污染防治法》的规定值得借鉴，其中，第三条规定："都、道、府、县知事根据本区域内一定地区的某些农业用地土壤和在该农业用地生长的农作物等所含有的特定有害物质的种类和数量，可以把被认为是该农业用地的利用为起因，生产危害人体健康的农畜产品，或者被认为影响了该农田里农作物等的生长，或者被认为这些危害是明显的、符合以政令规定的要件的地区，作为农业用地土壤污染对策地区，予以指定。"我国人口密集、工业和农业相互交织在一起，同时也存在农业区域，划定区域、针对不同的农业区域、土壤内型和污染状况展开防治和整治是土壤污染防治的有效办法和步骤，我国目前正在进行生态功能区划，土壤污染区域的确定应该像《全国生态环境保护纲要》建立生态功能保护区一样，根据土壤污染区域的污染问题、生态环境敏感性、生态系统结构、过程、格局的关系，确定土壤污染的主导因素和污染范围，确定土壤污染的空间范围就成为土壤污染防治关键环节。

（四）土壤环境质量标准

土壤环境质量标准是土壤污染防治活动的关键性内容，是衡量土壤污染与否、污染程度、土壤质量恢复的标尺，土壤环境质量标准是指"对污染物在土壤中的最大容许含量所做的规定。一般以污染物和农药在作物体内的残留量超过卫生标准时的土壤污染物含量来表示"。我国地域辽阔、自然条件差异巨大、种植的农作物各不相同，各个地区社会经济发展处在不同的阶段，应当建立以地方标准为主的土壤环境质量标准，定期修改土壤环境质量标准，使土壤环境质量标准与社会经济发展相一致。

农业是我国国民经济发展的基础，土壤污染是制约我国农业发展的一个不容忽视的现象，土壤污染将危及我国农业的可持续发展，威胁人们的生命安全和健康，最近，我国部分地区爆发的区域性污染事件从侧面反映出土壤污染严重性，将土壤污染的整治纳入法律治理的轨道势在必行。

第三章
农业环境补贴申领者的环境保护义务

第一节　我国农业环境补贴的政策

一、我国农业环境补贴的政策类别

目前，我国农业补贴政策中具体涉及农业环境补贴有以下三种：

（一）良种补贴政策

良种补贴是指国家对某一区域内使用良种种植的农户进行的一项经济补贴。这样做，一方面，提高粮食产量和农产品的质量；另一方面，鼓励农户使用良种种植，增加良种的覆盖率。

（二）化肥使用量零增长政策

化肥是粮食的"粮食"，农业生产与农业发展是离不开化肥的，但是近些年化肥的使用明显已经超出其科学的范围，农户为了追求产量过度使用化肥，不仅破坏了生态环境不利于可持续发展，并且严重影响了农产品的质量安全。为了减少化肥使用提高使用率。政策主要任务是：①推进测土配方施肥，在总结之前经验的基础上推进测土配方施肥，首先，是扩大推进测土配方施肥的范围，扩大在基础设施及经济性农作物上的使用，争取做到推进测土配方施肥全覆盖。②推进施肥方式的转变，首先，在大型农村或者种粮大户开展模范带头作用，推广机械施肥，根据农场的实地情况，因地制宜地进行推广；其次，推广水肥一体化，结合高效的灌溉技术可以提高水资源与肥料的利用率，针对化肥的质量抓紧科学研发和对于已推出的产品的宣传使用；最后，推进有机化肥的使用、加强，秸秆的腐化技术，并且因地制宜地推广绿肥并且提高耕地质量。

（三）草原生态保护补助奖励政策

对于草原环境特别恶劣或者草场退化特别严重的草原实行禁牧封育的方式，对于对应的牧户如果遵守禁牧的政策将会得到国家对应的补贴；对于草原牧户畜牧的数量，在禁牧的草原上放牧的数量低于核定的标准的牧户进行资金补助；类似良种补贴，对于畜牧业牧民采用畜牧良种。对于牧草采用良种牧草每户牧户可以得到 500 元的综合补贴；针对上面的补贴政策还有一项绩效考核奖励，奖励补贴由省政府负责，并按照当地草原保护效果进行排名与评选，并且根据地方财政的投入和草原保护的实际情况进行考核。对于工作先进、突出的地方给予奖励补贴。

二、农业环境补贴申领者强制性环境保护义务的性质研究

（一）权利还是义务

明确申领者的强制性环境保护义务为的是避免仅靠道德的约束造成的公地悲剧，虽然我国一直在提倡环境保护人人有责，虽然这项倡导不仅仅是一种道德责任，也是一种法律义务，但由于没有明确的法律责任体系，终究还是一项道德责任。道德规范是以人的善恶为评价标准，依靠人的内心与社会的约定俗成来限制人的行为。道德规范的约束力显然不够，其实现的条件仅仅依靠大家的思想觉悟，但是思想觉悟是一项容易受到外界影响的不确定的标准。这就导致环境保护的实现始终处于一个无力的不确定的状态。而环境保护的客体是一项人类的整体利益，是一项公共利益。公共利益最大的特征是其具有相容性，即公共利益增加所有人都会受益，但是一个单独的个体损害公共利益，不仅仅是个体自身受到损伤，整个公共利益都会受到损坏，公共利益的这种特性导致很多人有"搭便车"的想法，人们往往认为公共利益我不去破坏也会有别人破坏，我也不仅仅损害自己的利益，并且并不是很严重的程度，而对于公共利益的奉献，我个人奉献太微乎其微了，还是让别人奉献吧。这种心态很容易导致公地悲剧的产生。然而为了克服这种现象的最有力的办法就是把这项道德规范用法律的武器确立下来，即把环境保护确定为一项强制性义务。

由于环境权理论在很多方面都与传统法理论相冲突，因此，有一部分学者开始针对环境权理论从各个角度展开批判。以传统的物权为例，公民享有物权的基础是对特定的物的占有，即便是他物权也存在对他人所有之物的享有占有、使用、收益或是处分的一项权能。而对于环境而言，公民并不具备法律意义上的权利。

由于环境权本身并不非常明确，并且环境权在很多方面都与传统法相冲突，因此，有

一部分学者开始针对环境权理论从各个角度展开批判。例如，有的学者并不认同"公民环境使用权"，他们认为，对于自然环境来说，每一个自然人都是自然环境的客观享受者，而不是法律意义上的请求者，而"公民环境使用权"不仅与传统的人身权、财产权相矛盾，而且与国家的环境管理权不相容，更无法实现对整体环境以及人类日常生活以外的环境要素和环境功能的保护。有学者提出，宪法上的环境权条款并不是实体性基本人权，而只是揭示环境保护政策、理念的宣示性条款。而公民环境权则可以为民法上的环境物权所包容，这从实质上否定了环境权作为独立权利形态的必要性。

伴随着对环境权的反思，环境法律义务逐渐出现在法学学者的视野中，环境法律义务不仅仅关系着环境权利并且对于环境实效有着重要作用。所以，越来越多的青年学者愿意投身到环境法义务的研究中。即便是仍坚持环境权基础性地位的环境法学界最主流的学者也提出，综合性的法律规范应当以规范政府环境行为为主，从确认公众（主要是自然人）的环境权出发，规定国家的环境保护义务和环境公益诉讼制度。在新环境保护法的总则中提到对于不同的环境保护主体和义务都进行了规定，对于政府的环境保护责任、企业的环境保护责任都使用了大量的规范，并且针对个人的环境保护责任也使用了大量的规范进行限制。对于环境保护主体和义务的明确规定让环境法的实施更加明朗。

一般来说，权利与义务是一个同时出现的概念，无人来履行义务时，权利便没有存在的意义，但在环境问题上，并不能如此局限地对待环境义务这个概念。抛开法律层面而言，人类和环境是一个联动的概念，人类的活动对环境造成影响，环境的变化又会改变人类的状态，每个人都是整体环境中的一只蝴蝶，每一次振翅都会给环境带来一系列影响。维护和改善环境是每一个人的责任，每一个人都是环境保护的责任人。从法律角度而言，责任与义务在内涵与外延上都有高度的重叠，在目前紧张的人类与环境的关系下，向社会生活中的每一个负有环境保护义务的主体赋予环境上的义务，并未超出人们对"义务"概念的认知，不存在太大的理解上的阻碍。

那么环境义务在环境法中居于什么地位呢？我国学者对于这一点存在一定的争议。有一部分学者坚持认为环境权是环境法的核心，在他们看来，环境权是由环境权利与环境义务构成的。这种观点实际上是不严谨的，这种心态体现出这些学者的一些矛盾心理，即认为环境权利非常重要，但是又不想承认环境义务。

首先，要强调环境义务，是由于长期以来权利的滥用。强调环境义务目的在于限制权利。因为长期以来，人类一直向大自然进行索取，一味地索取。这些年来，人类从大自然索取得不是太少，而是太多了。但是伴随着的环境保护却一直被人们忽视这种权利义务失衡的状态并非能保持持久，这种状态在给人类带来财富的同时必然也会带来灾难。所以，限制权利、扩张义务无论对于大自然的可持续发展还是对这份关系的稳定都是必不可少的。

其次，强调环境义务的第二个原因是环境法律问题并不等同于其他一般的法律问题。人与自然的关系之中，自然是被动的，只有也只能依靠人类去主动地调节才可能实现二者的平衡。环境法律问题的特殊性在于，对它的处置的好坏不仅影响到人与人的关系，环境问题的处置更多的是影响到人与自然的关系，然而这对关系中，人占有绝对主动权的。现在防治环境污染与破坏已经刻不容缓，所以，现阶段我们必须做的是自我限制，不能一味地鼓吹权利至上，人类对自己的权利进行约束并且同时对大自然展开大力的保护与恢复。

最后，从法律实践的角度来说，环境义务设定的目的是实现环境责任。综观世界各国立法，大部分国家对于环境立法方面更多的是强调环境义务并且在经济越发达的国家对于环境义务的规定越严格。例如，英国在针对公民倒垃圾的行为开始征收垃圾税，并且要求公民对于垃圾必须按要求分类，不按要求进行倾倒的家庭会受到罚款，甚至有些家庭在垃圾倾倒时需要将垃圾分别倒在五个不同的垃圾桶里。

当然，由于义务本身的特性，强调环境义务并非一件易事，现阶段作为"经济人"的主体很难愿意主动去选择承担义务，从而导致人们缺乏环境保护积极性。除此之外，这种强调环境义务的法律调整模式还常常被人诟病为是对环境权的否定，使很多习惯了权利的人们在心理上难以接受。从这个层面来看，将环境权利与义务结合起来显得更加重要。环境法也从最开始的污染防治和保障公众健康开始向环境的公共治理方面转变的。这样的转变为环境保护义务理论研究提供了新的发展机遇。

（二）公法上的环境保护义务说

持"公法契约说"的学者认为，补贴的发放属于公法行为，因为首先环境补贴申领者需要满足特定的条件，并且自己提出向行政机关提出申请，经过行政机关的审查后，才由行政机关发放补贴。申领者在不符合申领条件或者在申领补贴后未履行相应的环境保护义务，行政机关有权将补贴撤回，而对于该决定申领者认为有异议也可以提出申诉主张救济。

"公法契约说"内部存在两种不同观点：

一是绝对的公法行为，即补贴的发放并不会因为补贴申领者主体的变化或者申领者经济能力的变化而变化。一部分农业补贴更类似一项行政合同，但是，农业补贴不仅仅是一个行政合同，它的公法性质不会由于一些私法方面的因素而改变。学者蔡志方认为："无论关系双方是行政机关和人民，还是人们互相之间，只要这份关系与行政有关，那么就应当受行政法的约束和规范。"

由此可以看出，绝对的公法行为对于农业补贴的定性有干扰的因素都成功地排除在外，"绝对公法"认为判断农业补贴是否属于公法是依靠两个方面进行的：一方面是行政主体的职责履行目的，另一方面是行政主体的公务性意识。认定其是否为公法行为的关键是是否有与"行政"有关的公共性因素的介入。

二是"传来的公法关系"理论是由日本田中二郎提出的。在他看来，在补贴领域，这项行为属于一项私法关系，只有这段私法关系在公益上特殊处理时才归为公法关系。即由于农业补贴发放的公共性，农业补贴的私法性质会因此而改变。与"绝对公法"理论不相同的是，"传来的公法关系"理论从公、私法两个角度对补贴进行分析，它认为补贴之所以归到公法行为并不是因为其本质属于公法，而是考虑到补贴是行政机关发放的，补贴的目的是公益的保护。"事后之考察"理论也是这么认为。许宗立先生的"事后之考察"理论认为："我国是一个私法并不发达的国家，法律救济等方面尚未完善并且法治根基较浅。"如果在判断法律行为的法律性质时我们仍需要首先考虑对私人权益和公共利益产生的影响，那么仍然将补贴行为定义为私法行为，对于补贴的保护岂不是还不如对于私益的保护。虽然在"事后之考察"理论中并没有非常明确地定义农业补贴的性质。但是有学者仍然认为农业补贴是一项公法行为，因为考虑到我国实际的国情，我国私法更为发达，并且农业化程度较低，补贴制度仅仅适用于公法并不能起到预期的效果，只有结合私法的特征才能更好地保障申领者的利益。

对应的环境补贴申领者的强制性环境保护义务的特点是它的应为性、不可放弃性和不可选择性。法律义务的应为性，是说法律义务作为一种关于行为的要求，并且义务主体必须服从这种要求，它是社会和国家的某种要求和评价的体现；法律的不可放弃性，是指不管人们履行义务的动机如何，义务主体最终都不能放弃自身的这种义务，必须履行这种义务；而法律义务的不可选择性，是指义务主体应当按照法律的要求来履行义务，履行义务的具体方式不能由义务主体自行选择。

农业补贴的公法行为并不意味着其包含多种主体相违背。农业补贴作为行政补贴不仅仅是从传统行政法的角度上对行政权进行限制，反映更多的是国家对于农业的介入过程。由于农业补贴是一种国家使申领者受益的行为，所以，在实施农业补贴的过程中要适当地给私法的应用留出足够的空间，这样才能更好地发挥农业补贴的效果。现代行政法的发展趋势并不太适用传统的行政行为，类似行政处罚和行政许可这种强化的方式。所以，农业补贴的公法性质并不会因为私法的因素受到限制或者影响。

（三）私法上的环境保护义务说

持"私法契约说"观点的学者认为，行政主体对私人或事业之补助金行为，性质上为私法上附负担的赠与契约，应依私法相关规定处理。

"行政私法"的概念存在于德国行政法上，是指"除以私法上形式所为之行政辅助性活动及盈利性活动之外，就行政利用私法上之形式以直接追求行政上目的所加以公法上限制或拘束之法律关系总称"。

这种学说并不认为行政法一定需要借助公权力来强制执行，此种学说认为，环境保护并不需要行政部门运用强权来限制从而保证这项义务的实施，农业补贴并不适用于传统的"命令与服从"的模式，补贴制度是一个多元的产物，如果运用"协商与合作"行为模式将更有利于补贴的推广和应用。比如，运用契约、贷款的形式，虽然运用私法的调整手段，但是补贴实现的效果却非常理想。需要注意的是，这项私法性质的调整手段并不等同于简单的平等主体间的契约关系。一方面，农业补贴的目的与民间借贷关系不同，农业补贴目的在于实现农业经济政策；另一方面，农业补贴的主体是代表国家公权力的行政机关。因此，虽然农业补贴政策符合私法调整手段的形式，但是它仅仅是以司法的形式来达到相应的行政目的，所以，仍然应当把它看作一项行政行为。

例如，自愿性环境协议，这项协议来自初期的诺福克湖区，在 20 世纪 80 年代，该地区为了保证草地与湿地景观，与当地的农户签订了一项自然环境保育协议书，该协议书规定，区域范围内的农户对于化肥和杀虫剂的使用有一定的限制，对于遵守这项协议书的农户将会领到一部分资金作为回报。这项协议在当地收到了非常好的效果，之后欧盟把这项协议列入了 797/85 号条例，但是并未强制使用，欧盟的成员国可以自由地选择。

自愿性农业环境协议一方面鼓励农民保护农业环境，另一方面用强制的手段规范农民的农业活动。首先，协议的签署需要农民自愿参加；其次，自愿性农业环境协议必须是以书面形式存在，具有约束力。自愿性农业环境协议的作用有两个方面：一方面，农户基于完全自愿来选择签订协议，但是一旦签订环境协议，环境协议便对农户有强制作用，限制其生产行为，对于协议中签署的义务必须严格遵守；另一方面，在农户签署环境协议后，农户如约完成相应的农业活动，这份协议便制约政府的行为，督促政府发放补贴，政府也必须支付相应补贴。因为环境服务费用是由受益人支付而不是由污染者付费。

成员国会提供环境补贴协议的书面合同，具有自愿签署意向的农民在签署后五年之内必须按照协议内容采取环境友好型的农业生产技术、限制使用化肥等方面，相应地，对于这些限制农户会得到经济补偿。有机农业、对环境有利的粗放型农业和一定条件下的放牧等都属于农业环境协议的内容。农业环境协议的设定并非完全相同的模板套用，在根据不同的国家、地区和环境设定对应的农业环境协议。协议的主要目的是因地制宜地保护生态环境。农民通过农业环境协议不仅仅保护了农业环境，并且获得了相应的经济补贴，在保证环境的基础上并未减少收入，反之会提高收入。并且在规模化使用后，对对应的绿色农产品进行认证，农户的收益将会大大提升。虽然这项协议对于成员国是强制使用的，但是农民有自己的选择权，农民自愿选择是否签署协议，但是一旦签署协议就必须遵守协议内容。当然，协议的签署需要农户符合相应的条件。签署协议后，如果农户并未按照协议内容规范自己的农业生产活动或者遵守协议中相关规定，将会被取消部分甚至全部的补贴，并且作为惩罚两年之内不再允许申请签署农业环境协议。

（四）两阶段理论

德国公法界在分析补贴的运作方式及法理研究时试图把补贴从绝对的公、私法中单独划分出来，提出"两阶段理论"，他们希望从这套理论中找到一条以私法来调整公法的路径。"两阶段理论"认为，为了更好地实现对补贴发放的调整，我们将农业补贴行为划分为以下两个阶段：

第一阶段，农业补贴主要解决法律保留与宪法预算的问题，其具体属于典型的抽象行政行为，在这一阶段是关于补贴对象的确定，根据补贴对象提出申请的条件、对应的范围进行明确，这一阶段如果存在明确的法律规定，那么依据具体法律规定准备用于补贴的具体金额；如果相关的法律并没有明确规定，对于补贴所需金额就只有依靠预算进行估算准备。最后依据补贴准则具体确定补贴的具体细节。

在第二阶段中，将运用私法中"协商与合作"的行为模式，不再简单地依靠"命令与服从"的模式。当通过协商合作可以完成行政项目的同时，在农业补贴方面私法的运用便有了自己的生存空间。这一阶段属于具体的行政行为。

两阶段理论将行政行为一分为二，表面看来显得更为精准，但在实际运用中是否可以做到像划分概念一样清晰透彻，这仍是一个值得我们思考的问题。

（五）环境法律义务的特殊性

环境法律义务不仅符合法律义务的共性，而且在内涵上有自己独特的特殊要求。环境法律义务与法律义务的主观要素完全相同，但是在程度上并不一致。环境法律义务需要不仅仅对私益负责，更重要的是对公共利益的责任。因此，环境法律义务的正当性和"应当"方面的程度远比一般法律义务高。例如，甲工厂与乙农场合同约定，甲工厂必须建设的高烟囱应避免有害气体污染其农场土地。显然从一般法律义务的角度来看，甲工厂如约建立了高烟囱，双方法律义务已经得到很好的履行；但是从环境法律义务的角度来看，此种做法是远远不够的，甲工厂虽然避免了污染邻近的乙农户，但是甲工厂的行为依然损害了环境，高烟囱并未从根本上解决污染的问题，显然其正当性不足。环境法义务最重要的是其必为性，而环境污染问题往往伴随着不可逆转性，环境污染一旦发生再采取补救措施往往会付出受益的十倍甚至百倍的成本，并且造成的危害将影响整个社会。虽然一般法律义务也存在必为性，但是显然程度不及环境法律义务。所以，首先，研究环境法律义务需要从更高层面的正当性和必要性来看；其次，由于环境法保护对象的特殊性，其行为模式与传统法的并不完全相同，比如，环境法由于环境污染的不可逆转性和修复成本巨大，它延伸到损害发生前的预防机制等；最后，环境法的主要目的并不是责任追究，因为环境问题一旦出现难以补救并且改善成本极其高昂，所以环境法律责任主要在于预防污染的发生，避免出现"守法成本高、违法成本低"的尴尬境地。

由上分析可知，环境法律义务不仅仅具有一般法律义务的特性，环境法的重心在于保护公共利益，并非仅仅为了私益服务。环境法律也是一项刚柔并进的法律，一方面，其正当性与必为性突出其刚性的一面；另一方面，履行环境法律义务在履行的具体方式与总体原则方面都与传统私法不同，环境法律义务会根据自身的特点进行创新与变革。这便是环境法的柔性所在。环境法刚柔并进的特点不仅仅体现在其内涵方面，在具体义务的履行、形成与分配方面也都有体现。所以，在从静态的角度分析完环境法义务理论之后，我们还需要从动态的角度解决环境法律义务的其他问题。而在这之前我们首先要明确环境法到底包括哪些基本的环境法律义务及环境法律义务的承担者需要如何履行其相应的义务。具体分为以下两步：

第一，"一般环境法律义务"，是指以"正当"和"必须"来确定特定的行为，这些行为模式具有正当性、合理性、必要性、普遍性、稳定性和强制性等特征，体现了环境法的刚性。

第二，"具体环境法律义务"，是指按照特定的原则和标准，由不同主体承担的一般环境法律义务中具有多样性和灵活性的义务，体现环境法的柔性。这些行为可以称为具体环境法律义务。

通过从公法、私法及环境法律义务三个方面的分析，有学者认为这项环境补贴申领者的强制性环境保护义务更适用于这项补贴为公法行为时。该补贴是由政府向符合申领条件的申领者发放，所以，它属于一种行政行为，而农业环境补贴属于一种公法行为。行政主体基于公益目的而给付补助，补贴申领者提出申请，经过行政主体的审查，对于符合标准者提供补助金。农业补贴更多的是一种行政行为，当然对应这项行政行为对应的补贴申领者的义务性质更适用于一项公法上的环境保护义务。

农业面源污染是世界各国已经公认的导致生态环境恶化的一个重要原因，但是，与点源污染形式不同，面源污染很难通过设计一种单一的政策工具加以有效规制，因为确定各个污染个体对环境污染的贡献度或者说对环境质量的影响十分困难。而此项在农业环境补贴背景下申领者的环境保护义务不仅从一般的、普遍的环境保护义务方面进行规定，对于每一个地区不同的农业环境现状背景下因地制宜地进行约定，不仅更加充分地保障了农民的实际利益，并且具有针对性地对当地农业面源污染进行有效治理。针对此现状，我国农业环境补贴申领者的强制性环境保护义务恰当而充分地完善了这个方面。环境保护义务并不仅仅具有一般法律义务具有的特征与共性，也存在一些与传统的公法与私法不一样的特殊性。环境保护义务针对国家的标准来讲，补贴申领者具有的一系列特征充分体现了环境法的刚性，比如，申领者必须具有正当、合理、必要、普遍、强制等特征；环境法的柔性体现在当环境法面对当地根据地方特色制定的具有特色的环境补贴政策时，其对应的标准和原则也不同，法律义务与其承担的主体有关，具体行为更具有多样性和灵活性。一般环境法律义务与具体环境法律义务刚柔并进，构成这项环境保护义务的核心。

换一种角度来看，在农业环境补贴背景下，此项环境保护义务是以法律法规规定的一般环境保护义务为基础，在此基础上是农民根据当地农业实际情况与政府之间签订的契约为主导的一种强制性环境保护义务。这项义务的履行不仅仅停留在道德层面，对于每一项义务的落实都是一种具有强制性、约束性的规定。

第二节　我国农业环境补贴的申领者与保护义务

一、我国的农业环境补贴的申领者

政府为了奖励减少污染，或者对于减少污染所必须采取的措施提供资金资助，由此而来的各项财政资助称为农业环境补贴。农业环境补贴既对现存不合理的农业补贴政策做出了改革，又把农业发展的决定权更多地交与市场，使农业补贴政策以市场为导向，达到治理农业污染的效果。而农业环境补贴的申领者即是农业环境补贴的对象。

（一）补贴申领者的类型

1. 个体农户

农业补贴属于一种行政补贴，但是，农业补贴不同于一般的行政补贴，它处于一种比较特殊的地位，既受到国家和社会的制约，也受市场的限制。因此，对于农业补贴的申领者的定义应该放在上面二者经济活动的主体范畴之中。以补贴对象的不同划分，农业环境补贴申领对象大致可以分为两类：①农业生产者；②一般服务者。

粮食直补的对象为一种典型私主体，比如，投入生产的农户与农民。关于补贴对象的全国有统一的标准，但是具体实施条件由财政部、农业农村部和相关部委参与共同决定。所以，全国农业补贴申领者的标准是由国家规定的一项确定的标准。但是具体农业补贴发放标准的发放可以有各地级市、县市根据当地具体的农业现状因地制宜的决定。比如，在《关于促进生猪生产发展稳定市场供应的意见》中，对于生猪补贴的申领者进行了明确的规定，即包括规模养殖或者散养农户都以私主体的形式存在。

农业环境补贴申领者存在各式各样的种类，但是他们也有共同的特征：针对投入农业劳动的农民、农户，无论其投入生产的规模大小，这些补贴申领者统一称为从事农业生产的私主体。补贴申领者无论是农业生产者还是一般服务者，他们都具有一项共同的特征，即都是一种私主体。

需要进行解释说明的是，农业环境补贴并不是一项国家慈善项目，农业环境补贴申领者的定义并不会因为其自身的贫富差距或者需要社会保障的程度来界定。根据目前我国农业环境补贴申领者可以获得的农业环境补贴资金，分配到每一户农户手上的本来就很少，并且农民也是传统的弱势群体。但是，农业环境补贴政策设计的初衷并非补偿农户的温饱而是实现国家农业经济的稳定发展。所以，农业环境补贴申领者是一项符合国家经济发展与社会建设的私主体。首先，国家实施多项补贴的初衷是为了改变社会经济对资源的使用，通过对特定的行业进行补贴以达到优化特定产业的目的。农业环境补贴作为一项国家补贴政策，其补贴初衷显然与国家补贴初衷一致。农业环境补贴的目的是调整产业和社会整体的经济效果。其次，农业环境补贴不同于其他社会保障，社会保障的对象属于社会弱势群体中未能解决温饱或者亟待解决生存问题的群体。而农业环境补贴的对象是遵守"对事不对人"的原则，补贴作用致力于提高其对应的特定产业，扩大受领的社会受益范围。比如，良种补贴，字面意思是国家针对接受其提出的几项良种种植的农户进行补贴，其实，这项补贴的受益面非常广，不仅可以保障我国的粮食安全，提高我国农业在国际上的竞争力，并且通过减少农民的生产成本，提高农产品质量，进而增加农民受益。

2. 农业经营企业

我国农业面源污染最主要的污染源是由于农业污染物的排放，而排放污染物的一大主体就是农业经营企业。关于这个问题政府正在通过对于区域的划分和企业养殖结构的优化调整以及建立示范区等手段进行引导，比如，对于禽畜的养殖，政府不仅定义养殖的标准化形式，并且对于开展禽畜的粪污的治理与新型治理模式的不断探索，用公私合营的方式，引导新型技术与资本参与进来。

我国国内绿色农业环境政策刚刚开始实行，之前关于农业面源污染的财政税收出于历史原因还有很多欠账，在农业改革的同时不仅要把保护环境放在第一位，而且在注重环境保护的同时也要注意保证农民生产。对于农业补贴的对象也并不明确，原因主要是我国现存的治理模式并不成熟，国内也并没有相关的探索文件与信息。所以，我们要借鉴国外先进的经验来强化绿色发展理念，不断加大资本的投资，对于已经成熟的补贴政策及标准，及时地进行落实与推广。对农业面源污染中出现的疑难杂症要尝试进行试点工作，结合当地的地理环境探索治理方法，并且鼓励、吸引和引导社会资本的投入和参与，建立健全农业面源污染治理市场体系。

（二）补贴资金来源方式

1. 直接支付

直接支付，是指政府在推行绿色农业的同时由于政策给农户带来一定的经济损失，或者对于为了遵守绿色环保的政策在进行农业生产活动的过程中选择绿色生产方式的农户进行的奖励，由政府以收入转移的形式进行补偿或者补贴。直接补贴又可以从两个方面进行理解，狭义的直接补贴和广义的直接补贴。狭义的直接补贴是政府对于农业政策对农户造成的损失和对于农产品的价格进行补贴；广义的直接补贴是指国家为了发展农业，围绕农民增收提供的直接向农户补贴资金的一种形式。WTO《农业协定》规定环保补贴与调整农业结构的投资在满足一定的条件后符合"绿箱"政策并无削减义务。因此，以欧美国家为代表的一些成员国在提供狭义直接支付的同时，积极增加广义直接支付的内容，以期达到提高农民收入等目的。在具体实施过程中，有些政策对农民获得直接收入补贴有资格和标准要求，也就是政府以一定的条件为前提，这类直接支付被称为有条件直接支付。在实施有条件直接支付之前要进行资格审查，最终以那些符合一定资格的农业经营主体作为补贴对象。比如日本在贯穿多品种安定经营对策的措施中，对补贴的对象的经营规模有一定的规定。通过对有条件直接支付的实施，政府可以更好地发挥宏观调控作用，实现控制生产、保护环境等目的。

直接支付政策的目标主要有：一是稳定发展农业生产、保障农产品的供给；二是增加农民收入；三是保全资源，保护环境。从目前世界上实施的直接支付政策来看，主要的政策手段有：①土地休耕补贴；②种植面积补贴；③环保补贴（政府对参与政府环保计划的农民提供财政补贴以弥补其因生产受到限制而带来的损失）。

2. 专项资金

专项资金也称为专项性补贴，专项资金是国家针对某个特定的产业或者行业进行的专项性补贴政策。国家这项补贴的初衷是使公共资源的使用效率最大化，通过专项资金的补贴使得公共资源从使用效率低的行业转到使用效率高的行业。但是这项补贴会直接导致市场的不正当竞争。专项性补贴可以分为三类：①法律专项性补贴，是由法律明文规定的针对某一特殊行业和企业的补贴；②事实专项性补贴，是需要结合当地的具体实际情况来定义；③地区专项补贴，是指在特定的地区和区域范围内，由被授权的法律组织针对地区发放的补贴。以上三种补贴方式就是专项资金补贴。

3. 负税形式

负税是指对于个人或者家庭所得额低于某一特定标准时，政府以税收的形式对其进行补贴。比如，政府提供无息贷款或者特别优惠政策，对于出口税或消费税进行减免。虽然政府这些补贴很可能破坏市场、破坏资源的价格与资源的利用，但是，为了环境保护各个国家都赞成进行这样的补贴。卡塔尔多哈会议曾对补贴可能对环境产生的双重影响进行讨论，并在《农业协定》和《补贴与反补贴措施协定》中加入了关于环境补贴的例外条款的新规定。《农业协定》提出了"农业产品综合支持量"，对于这个支持量的农业产品对应的开支都需要进行削减。但根据《补贴与反补贴措施协定》第二条和第八条规定："为了避免现有的环保设施的浪费，如果在成员国中的环境保护法律有超过欧盟更多的环保要求，并且相应的环保设施已经存在达五年以上，那么国家对于达到这项要求需要的资金方面可以通过负税的形式对其进行鼓励，或者给予相应的资金补贴。"这种援助属于"不可诉的补贴"。2018年10月26日修改的《中华人民共和国环境保护税法》第十二条与第十三条对于税收减免的情形进行了明确的规定："纳税人排放应税大气污染物或者水污染物的浓度值低于国家和地方规定的污染物排放标准百分之三十的，减按百分之七十五征收环境保护税。纳税人排放应税大气污染物或者水污染物的浓度值低于国家和地方规定的污染物排放标准百分之五十的，减按百分之五十征收环境保护税。"

农业的发展离不开自然环境与生态环境的相互配合，农业的发展离不开好的自然环境和生态环境，并且农业的发展自身也有净化自然环境与生态环境的功能。二者相互支持，相互影响，对应的不恰当的农业活动也会破坏自然环境。之前一味地保证生产而不重视环境保护，这种不可持续的发展方式是我们应当及时摒弃的。我们应该增加退耕还林、还草等有利于自然环境与生态环境保护的投入，设计相对应的农业环境补贴制度，不仅仅促进农业的发展，并且还保障生态环境不受到破坏。环境补贴有助于规范农户的农业生产行为，防止农业活动对生态环境的破坏。

首先，环境保护与私益保护并不相同，环境保护具有其特有的两大特征：经济的正外部性与公共品质性，提高整个社会的环境质量最为有效的手段就是运用环境补贴来弥补市场的失灵。其次，环境农业补贴不仅仅有利于环境保护，并且有利于提高农民的收入；不仅促进农业朝着绿色生态的方向发展，并且降低了绿色有机农产品的生产成本，提高人们的生活质量。最后，农业补贴措施在一定程度上对于供过于求的农产品能达到一定的限制，减少农产品的供应量，提高产品质量；对于供不应求的农产品倒逼农业生产者使用先进的技术来提高生产率，这就为农业补贴的绿色化提供了充分条件。

二、农业环境补贴的强制性环境保护义务的内涵

（一）目前国内农业环境补贴的强制性环境保护法律义务内容

在农业补贴方面，虽然我国在法律层面仍未建立起相应的规范体系，但"三农"问题一直是国家治理的重中之重，尤其是进入新时代，"三农"问题呈现出多样性和复杂性，着力解决在我国不断推进社会主义新农村建设的背景下，如何加强农村工作、增加农民收入等问题。这些文件的出台，充分显示出国家层面对农业问题的持续关注，更重要的是对新形势、新局面下出现的问题提出许多前瞻性的建议。内容主要涉及以下两个方面：①加大对种粮农民的直接补贴，不仅需要提升补贴标准并且对于补贴范围进行扩大；②涉及农机具的补贴方面须明确鼓励粮食生产方面的目标，同样对于标准和范围都进行进一步扩大。

在环境补贴方面，明确了国家对实行退耕还草、禁牧、休牧的农民进行补助，补助形式包括但不限于资金、粮食等内容。同时，对在疫情出现时采取紧急措施而造成的损失，由省级人民政府从专项资金中支出补助费用。

在"绿箱"补贴方面，我国已通过法律的形式明确，对于农业的支持和保护体系必须是全方位、多手段、有实效的，要从财政、税收、科研、信息、教育和社会化服务等诸多方面全面展开。值得一提的是，在法律中特别强调了对农业技术推广的补助，指出农业技

术的推广要结合农村实际情况因地制宜地展开，同时明确规定各级人民政府要为农业技术推广设置专项资金并逐年扩大资金数额。

"蓝箱"补贴方面的立法现状。《中华人民共和国农业法》第三十八条规定：国家逐步提高农业投入的总体水平。尤其在县级以上的地方财政，对于农业的投资幅度要高于财政的经常性收入的增长幅度。国家在财政、信贷和税收等方面采取措施，鼓励、扶持我国内水、滩涂、领海、专属经济区以及我国管辖的海域范围内从事渔业或者养殖业的生产者，对于在违禁麻醉作物补贴方面，一直都未得到良好的解决。

目前，我国以直接补贴和价格支持等方式促进我国绿色农业的发展。绿色农业与资源环境和经济发展是分不开的，在发展农业经济的同时我们也要培养农户良好的农业生产习惯，让农业生产者和消费者将生态环保和绿色农业放在首要地位。要想为生态文明提供强有力的保障，我们就必须实行最为严格的制度，用最为严密的法治、用体制创新激发全社会绿色农业的积极性。

（二）农业补贴申领者的强制性环境保护法律义务的内容

1. 强制性生产方式限制

例如，为了更好地改善土壤的理化性状和土壤的肥力，解决长期困扰的利用土壤养分不均衡和病、虫、草害严重的问题，我国在东北冷凉区、北方农牧交错区等地试点开展耕地轮作制度的种植方式，轮作的意思是在季节间或者一定的年限之间对于不同的农作物进行轮换耕种，以此来使土壤中的营养成分能够达到一种相对平衡的方式。

政府针对当地特定的农业环境，科学地制定轮作顺序及耕作种类。在制定轮作种类时，以环境保护为前提，充分考虑农业环境并且提供多重科学选择，以供农户针对市场供需自主选择，并且针对细化轮作的农产品制定相应的补贴。

2. 强制性有害物质投入限制

在以生态农业为农业发展主线的时代，我国以发展生态农业为我国农业发展的基本要求。农业补贴政策在发生着潜移默化的变革，世界许多国家的目光从原先简单地追求农产品产量逐渐转向重视农产品品质和安全，改善农业生产环境，同时通过一系列措施鼓励农民发展生态农业，如对农民的农业生产进行补贴，鼓励农民利用有机肥、节水灌溉、使用生物技术除草和除害。在过去的几年时间里，影响农业可持续发展的因素有很多，长期大量使用化肥、农药、除草剂这样的除害模式致使土壤肥力大幅衰减，同时加重了对土壤、地表水和地下水的污染，而且草场退化、水土流失、江河淤积和大气污染的问题日益严重，主要原因是农民过度放牧、土地的不合理开发与利用。

目前，河南、湖南、湖北、江西等一些产粮大省相继出现有机稻米、有机玉米等农产品，其生产按照生态农业标准，不得使用化肥、农药、除草剂等。采取"公司+农户"经营模式，由公司提供种子，农户严格按照公司要求种植，所有农产品由公司负责收购。这些有机产品高举绿色大旗，畅销城乡市场，其售价高出同类产品十几倍甚至几十倍，不仅能增加公司和农户的收入，而且起到良好的示范带动效应。因此，在补贴政策选择上，可以从这些有机农产品生产身上先行试点，大幅提高补贴标准。在补贴程序上，可考虑先由公司和农户共同申报，乡镇财政所负责审核，在逐级上报，单独进行补贴，补贴资金直接发放给农户。

对于农药和化肥的使用，对于特定区域是有明确的规定和限制的，针对这些限制政府也在一定范围内给予经济补贴。由于对于农业生产过程中限制农药、化肥的使用导致农产品产量的减少也有政府进行经济补贴。将环境保护与农业补贴进行捆绑，慢慢实现由农业补贴向农业环境补贴转变。实施农业环境补贴首先要对农民环保行动的影响和污染情况进行评估。其次，对于补贴申领者还有一些强制性条件需要设定，比如，补贴申领者对于自己农场或者有自己管理的区域内必须进行定期的检查，土壤的矿物质含量、水质以及空气质量等都需要进行测验与检查，定期登记相应指标并且在一定期限内向主管部门报备。环境主管部门依据申请补贴前期环境的监测数据与其进行对比，再根据数据的变化对于该农户的补贴标准和范围进行调整。最后，在对于农业生产过程中表现优异，对于环境保护做出突出贡献的农户，除了其本应该获得的绿色补贴之外，还可以提供农业的各项税费的减免，以此来鼓励农户。

3. 强制性的绿色生态农产品的认证

类似绿色食品标志，绿色标志是用来标识、证明无污染的食品。政府针对良好履行农业环境补贴政策的申领者可以以商标认证的方式对其所生产的农产品进行资格认证。认证过程必须符合以下几个方面：①食品的原产地必须是符合绿色食品的生态标准的，生产食品的原材料也需要符合相同标准；②农作物种植与畜禽饲养在种植环境和饲养环境以及饲料安全方面，并且在食品的初加工方面都需要符合相关标准；③生产出的成品必须符合绿色生态标准；④农业环境补贴申领者做到较好地履行其相应环境保护义务。促进社会对于农产品的认可，从市场的角度鼓励农户完成其相应的义务。既可以促进农民收益，起到了督促其较好履行任务的目的，又可以看作是对农户在农业行为过程中严格坚持环境为第一位的一种奖励。

4. 强制性不作为义务

以强制性休耕制度为例。休耕，亦称休闲，为了使耕地得到休养，减少养分的过度消耗，在本可以耕作的季节采取不耕不种或者只耕不种。中共中央办公厅、国务院办公厅印发的《关于创新体制机制推进农业绿色发展的意见》，提出把农业绿色发展摆在生态文明建设全局的突出位置，全面建立以绿色生态为导向的制度体系，基本形成与资源环境承载力相匹配、与生产生活生态相协调的农业发展格局，努力实现耕地数量不减少、耕地质量不降低、地下水不超采，化肥、农药使用量零增长，秸秆、畜禽粪污、农膜全利用，实现农业可持续发展、农民生活更加富裕、乡村更加美丽宜居。

休耕主要运用在以下三个地区：

（1）地下水漏斗区

地下水漏斗区是由于集中的、大量的对于地下水进行开采，造成地下水水位急剧下降，周边的地下水集中向低水位地方流动形成类似漏斗的一片区域。这些地区的地下水水位比正常水位要低很多，所以，在以河北省黑龙港地区为代表的地下水漏斗区必须"一季休耕、一季雨养"，对于需要抽取地下水灌溉的农作物休耕，种植类似玉米等杂粮的农作物，减少地下水的消耗。

（2）重金属污染区

重金属污染是指在采矿或者污水灌溉，导致重金属含量超出标准导致环境质量恶化。首先，对于污染需要调查取证，对于可以明确查询到污染主体的部分，先确定其修复的责任，对其要求提供技术或者资金对已经造成污染的部分进行尽可能的修复。其次，对于其导致的重金属污染使对应耕地的农户进行的休耕损失进行补偿。对于不能确认污染主体的区域，政府采取隔离的方式，对污染地区采取针对性的修复，并且耕种对生态恢复有利的植物，对于已经污染的区域需要多年耕种绿色植物，在未能确认重金属含量是否控制在标准以内之前禁止耕种粮食作物。

（3）生态严重退化地区

在贵州、云南的西南石化沙漠区和甘肃的西北生态地区发生了严重的生态退化。在这些地区可以改变种植结构达到防风固沙、涵养水分、保护耕作层的目的，通过一些举措促进生态环境改善，如减少农事活动。一些地方的具体措施为在25°以下坡耕地和瘠薄地的两季作物区，连续休耕三年，来改善西南石漠化区的生态问题。对于生态退化极其严重的区域，比如，土壤沙化、盐渍化较为明显的区域，建议选择连续几年的休耕，以达到土壤恢复的目的。

针对休耕制度，对于不同地区根据当地农业环境制定休耕的日期与频率，在制定休耕日期时应充分考虑各地农业的实际情况，全面考虑民生与环境保护的良好结合。补贴申领者对于这项补贴应当严格遵守休耕规定，在农业活动中严格履行其环境保护义务。

目前，国内虽然在出台很多与农业环境补贴相关的政策，但只是少数省市有具体政策，并未在全国范围内设定详细的规则，而且在具体政策落实方面并未有相关法律保障，仅仅依靠行政机关与农户之间达成的契约来约束双方的农业行为，对于环境补贴申领者的义务履行并未做出相关的环境补贴，效果往往不尽如人意。只有把申领者环境保护义务以有约束力的方式确定下来，才能更好地保障农业环境补贴政策的充分落实。

第三节　我国农业环境补贴环境保护义务的实施

关于我国的农业面源污染的治理有三个显著特点：①污染隐蔽性强。在我国农业面源环境污染一般都具有很强的隐蔽性，如果不采取专门的检测手段很难发现。并且由于未能及时发现，污染的责任主体的落实工作将会很难进行。②技术操作困难。农业面源环境污染不同于工业污染，可以在企业排污口进行仪器检测。种种不确定性和操作的难度给执法部门带来了很大的困难。③农民承受能力差。我国生产方式普遍采用粗放型生产方式，农民收入水平低，支付排污费的能力有限，所以，通常的污染治理方式并不适用治理农业面源污染。

我国对于农业的发展一直很重视，对于农业的补贴一直都很多，但是众多农业补贴制度中大部分都没有把环境保护这一项列入其中，甚至有的补贴政策为了保生产对于环境保护起到了反向的作用，比如之前的化肥补贴，化肥是粮食不可或缺的，但是化肥使用量控制不好很容易造成环境的破坏，对于耕种的土地，土地下面的地下水都具有难以修复的损害。然而农业环境补贴并非置农业生产于不顾，农业环境补贴是在保障农业生产的基础上兼顾环境的保护，是一个可持续的双赢局面。所以，确定补贴申领者的强制性环境保护义务，转变传统的农业补贴方式，实行"农业环境补贴"才是符合时代潮流和时代发展的。

一、完善义务内容的设置科学性与合理性方面

对于补贴申领者在申领相应农业环境补贴后，其应当承担的环境保护义务的具体落实与实施从以下五个方面进行：

（一）检查程序

风险评估和随机选择是检查程序的两种选择方式。风险评估是指在固定的时间，各个

检查部门会一并去检查申领者，当然各个部门有合理的分工，针对其负责的部分进行检查。在检查之前被检查者会得到通知，在检查的同时各个部门需要做到对于被检查者产生最小的干扰。如果各部门在检查的过程中，被检查者拒绝检查或者变相地阻碍检查，检查部门有权建议减少补贴的发放。当然，在检查结束时，相关部门需要出具一份报告书，针对检查过程中发现的问题进行解释说明和调查取证，被调查者会当场收到一份调查取证书，里面详尽地说明了检查过程中发现的问题。文件一式两份，一份由被检查者签字签收，另一份由检查部门留作备案。

（二）削减补贴的计算方法

对于补贴的削减，我们也不能一概而论。需要首先分析对于农户不遵守环境补贴政策的原因，需要判断农户未合理遵守的原因是主观原因、客观原因还是过失导致，在此基础上再决定对其削减的标准和范围的选用。

故意不遵守。当农户申领环境补贴后故意不履行其相应的环境保护义务，根据其导致的后果程度分为两个罚款方式：

（1）对于环境的破坏属于可改正的行为，进行补贴数额一定的罚款。

（2）对于不可逆的环境破坏行为，进行惩罚性的罚款。

具体根据其行为的严重程度，并采取信用制管理方式，对于信用良好的农户在第二年申领补贴时相应存在绿色通道，意味着该农户第二年的申领更加简便快捷，并且可以获得低息贷款等奖励措施。但有故意不履行义务的农户，在第二年申请补贴时相应会有更加细化的考核标准，并且只要发现农户重复故意不履行其环境保护义务，可直接全额取消该农民的该项补贴。

（三）申诉程序

申诉程序一方面为了避免检查部门滥用职权，另一方面避免由于检查部门过失损害到农户的利益。申诉程序总共分为以下两个阶段。

第一阶段：农业环境补贴申领者对于补贴削减的决定如果有异议需要向主管部门书面说明理由，主管部门负责对案件进行调查并将调查结果通知农业环境补贴申领者。农户需要在60天内做出最终决定，是否向农业环境补贴申领者服务中心提交申诉，如果农业环境补贴申领者接受主管部门对案件的调查结果，申诉程序结束。如果农业环境补贴申领者认为主管部门的调查仍然存在疑点，那么申诉程序的第一阶段结束，进入申诉程序的第二阶段。

第二阶段：申诉的第二阶段相对第一阶段来讲程序非常严格。首先在农业环境补贴申领者提出申诉后，检查部门会把所有的资料汇总提交给复议专家组，复议专家组会组织农业环境补贴申领者与做出削减农业补贴决定的部门代表进行会谈，在充分调查取证和审理之后做出最终裁决，并由专家组所有专家签字生效。

（四）补贴标准的设计

关于环境补贴标准的设计，由于从事农业的地区具有不同的地貌和特征，各地的标准一定各有差异，所以，我们首先需要设定一项符合我国国情的国家标准，各省市乡都应完全遵守此项标准；其次，根据地方具体的农业环境、农业背景及现实存在的问题，以省、自治区、直辖市为单位设定各地的农业环境补贴标准，地方标准要体现环境要求的地域差异，以达到对于不同地域、不同环境标准的分类指导。即总则由国标组成，分则由各地省标组成，国家标准为一项基本标准是一条基准线。省、自治区、直辖市政府对国家标准中未明确做规定的项目，可以因地制宜地制定地方标准；类似污染物排放标准的设计，首先需要设定国标（GB），国标是全国范围内的一项基础标准，所有地区都需要遵守，但是地方可以根据自身的特色进行细节性条款的设计，地方标准可以比国家标准更加严格，但是地方标准必须提前在国务院环境主管部门进行备案。

具体补贴标准及其项目的设计要做到有明确的目标：关于环境、食品安全、动物健康等相关的具体细则。筛选标准的确定与透明不仅仅可以有效地消除对于首次接触农民的顾虑，更能有效地减少暗箱操作，避免腐败的产生，更好地保障政策的落实。

农民对于这些标准的认识与认知程度很大程度上决定了这项政策落实的效果，可以先在个别省市进行现行试点工作，组织小组进村讲解具体细则，以村为单位进行组织学习。包括检查对象的选择、检查的时间、验证和出发的标准等。进行全方位宣传，更加有利于这项政策的落实。

（五）效率性及比例性

保障农业环境补贴申领者的强制性保护义务遵守的实施效率，即设立相应的监察机关保障补贴发放的公正、公平、公开。增强这项政策的公信力。在有效落实这项政策的同时也要考虑其成本的比例性，即将遵守这项强制性义务所取得利益和对政府造成的财政负担相比较，审查是否成比例。我们必须明白遵守这项强制性环境保护义务是将补贴的发放与公众的实际利益联系在一起的。所以，如果环境补贴申领者在履行其环境保护义务的同时增加了农户的负担，这项费用应该由政府进行补偿。

　　针对遵守这项强制性义务的管理成本问题，首先在农户充分认识到补贴的标准、发放与处罚机制后可以选择农户自己登记的方式。以村为单位不定期抽查，对于这项义务的实施，鼓励农户之间相互监督，并且可以与民间机构或者社会组织合作，这样不仅可以减少政府的管理成本，也可以更好地推广这项政策的落实。相关的民间机构与社会组织可以注册自己的绿色品牌，对于其管理下的农产品进行绿色认证。对于管理农户的经验教训，民间机构可以与政府相互学习，对于检查的信息相互之间进行沟通，针对机构认证通过的农户可以免受政府部门检查。

二、法律责任及法律救济

（一）法律责任

　　首先，法律应当明确政府的环境保护的行政责任，实行负责人或单位负责制；其次，提高违法成本，加大对企业的处罚力度，赋予环境执法部门更多的执法权限，提高其执法地位，增加单位负责人的刑事责任。综合考虑我国农村的现状，我们应当先加强学习和宣传的方法，对于环境保护进行宣传，必要时可以设定一些小额罚款，进而增强对环境保护意识的一些处罚方式。笔者认为，可以将农村以村集体或者是村小队为监管对象，同时也是环境责任的主体之一。每个被监管对象每年预存固定的费用，存入专门的账户，作为该单位内发生环境违法行为，因环境执法力量不足而导致无法追究责任主体时的罚款。农村环境执法队伍的建设不可能一日完成，在这个过程中要加强村集体内部的监管。通过这种类似"连坐"的处罚制度，首先，单位内部的个人会对周围的村民特别是乡镇企业的环境行为更加注意，增强村民内部的环境监督力量；其次，因为个人既是监督的主体，又是被监督的对象，更是监督不利的责任承担者，无形中增强了个人对自身环境行为的自律性。立法方面，我们要借鉴国际上有效控制化肥使用和治理农业面源污染成功经验建立规章制度和法律法规，减少使用可能造成农业面源污染的化肥，鼓励有机化肥和新型化肥的使用，建立符合我国国情的控制农业面源污染的法律法规。

（二）处罚机制

　　处罚机制依然取决于农民在未遵守强制环境保护义务时行为的主观程度，是故意违反还是过失导致，并且对于初次违反强制性法律义务和多次违反相应的处罚并不相同。如果农户是初次未遵守，并且是由过失导致，那么这次未遵守强制性环境保护义务对应农户得到的处罚就相对比较轻微；但是如果并不是初次或者是故意不遵守，那么对于农户的惩罚就会相对严重一些。

在个案中，农业主管部门是有权决定使用哪种处罚和处罚的程度的，该处罚的主要依据便是监察部门出具的报告书。根据现场出具的这份报告书，结合农户的主观意识，如果可以判断未遵守的原因是过失，那么对应的处罚会相应降低；但是如果是由于故意未遵守，那么同样依据这份报告，处罚可以相应提高。农户如果多次违反强制性环境保护法律义务，那么对应处罚的金额也会相应比例地增加，对于农户多次违反并且情节恶劣的情况，可以直接取消当年该农户的所有补贴。

（三）完善政府责任追究机制

对于农业环境补贴制度正确实施的保障就是完善政府责任追究机制。我国农业补贴相关的政府追责机制尚未建立，这就导致了补贴对象的合法权益在受到侵害时未能得到有效的救助。相应机制尚未建立健全主要是因为：首先，我国行政法学界对于传统的行政给付的主体研究尚不成熟，行政给付多元化的主体给公权力的责任追究带来复杂的环境，导致农业补贴法律化的进程一度受到影响；其次，在农业补贴政策实施的初期，政府更多地在关注政策的落实，把精力更多地放在了宏观的治理上，对于暴露出来的少数的权力行使问题有所忽略；最后，由于财力所限对于农业补贴的资金的投入不足，对于农户的吸引力不够，加上农民维权意识淡薄，自身的合法权益被侵害也并不主张维权，很容易导致补贴制度的实行陷入困境。

虽然农业补贴体现的是一种行政给付的理念，但是行政主体与行政对象的地位悬殊并不会为此而消失，农业补贴的实施一定会存在行政主体的参与或者存在行政机关授权的组织机构。所以，建立完善责任追究机制尤为重要。否则，农业补贴这项利国利民的政策一定会滋生腐败，导致农户的合法权益在遭受侵害之后并不能通过合理的追责通道维护自身的利益，同时这对于补贴申领者的权利也是一种变相的剥夺。

（四）建立农业补贴监督机制

中共中央办公厅、国务院办公厅印发的《关于创新体制机制推进农业绿色发展的意见》中明确提出完善农业生态补贴制度。农业补贴的监督机制与政府的追责机制同样重要。一方面，目前，我国农业补贴资金的发放在立法层面上并未形成一个明朗的局面。对于申领者资格的确认、补贴金额的发放完全由主管部门规定，如果对于行政主体裁量权的监管不完备，主管部门的自由裁量权很可能会突破限制，导致补贴资金的浪费。另一方面，由于农业环境补贴资金来自国家，可以理解为对于一项资金的再次分配规则，指定的规则具有较大的自由裁量权，那么，监督机制的建设就尤为重要了。监督机制可以有效地防止权力的滥用，信息公开和申诉机制可以从另外一个角度促进补贴的落实与推广。针对农业补贴的监督机制的建设考虑可以从以下两个方面进行探讨：

首先，需要做的是依法建立健全农业补贴的保障机制，我们借鉴国际上农业补贴的先进经验，如英国的保障机制，英国的给付行政理念中提出农业补贴的监督可以建立由专业的技术人员组成的保障申诉机构，该机构在农业补贴的发放、标准、检查和界定方面都有专业性人员，针对在补贴中出现的问题接受农户的异议与申诉。这个部门既可以保障补贴的顺利进行又能起到良好的监督作用。在英国，农业补贴的保障机制相对比较健全，公民如果对于在补贴过程中有异议，公民首先可以向社会保障部门提出书面的申诉，经过裁决专员复查，再上诉到裁判所。关于这类民间性质的监督委员会在我国早期也有学者提出相应的建议，由政府授权接受民间申诉后，对于行政行为在实施过程中的不规范行为进行外部监督。

其次，建立考核奖惩制度。对于各项工作的进展我们可以依据绿色生态文明建设目标评价进行考核，针对农业发展是否符合绿色可持续、是否达到绿色农业的标准进行统一的考核。对于表现优异的集体与个人，不仅要继续落实其相应的农业环境补贴，在此基础上要对其上阶段的表现给予奖励；对于落实不到位的集体和个人也要相应提出惩罚。

第四章
农业污染治理与管控政策

第一节　农业污染的理论基础

一、农业污染产生的规律

（一）转型社会中农户市场主体地位的确立

农村社会转型是农村社会结构和经济结构在一段时间内发生的根本性转变。自改革开放 40 多年以来，我国社会从传统农业社会向现代工业社会转型，这也是城镇化、工业化和市场经济发展的必然规律。在城镇化和工业化的巨大推动力、市场经济的强劲内驱力以及其他多种力量的积聚下，乡土中国社会形态和经济结构加速转变。

农村社会转型引发了农业、农民和农村的现代化。农业的现代化主要是农业生产方式的转变，由传统的、落后的小农生产方式转向现代的机械化的生产方式，提高农业生产效率。农民的现代化是农民由贫穷、愚昧的代名词转变为具有自主意识和独立市场地位，掌握现代农业科技的有知识、讲文明的新农民。农村的现代化是由贫穷、落后、脏、乱、差的传统农村转变为经济富裕、环境优美、文明、和谐的新农村。在这三种关系中，农业现代化是基础，农民现代化是根本，农村现代化是目标，也是农业现代化和农民现代化的综合体现。

在转型社会中，农民的社会地位也在发生转变。在传统的农业社会，农民作为土地的附庸，没有生产经营自主权。《中华人民共和国农村土地承包法》的颁布在法律上确立了家庭联产承包责任制，农户享有完全的生产经营自主权，包括土地的使用权、收益权、流转权以及农产品的处置权，任何组织和个人包括土地所有人不能以任何形式干涉农户的生产经营自主权。可见，我国以法律的形式确立了农户的市场主体地位，农户可以作为一个完全独立的市场主体实施各种生产经营活动，法律还规定维持农民长期而稳定的土地承包经营权，物权法也把农户的承包经营权作为一种物权进行保护，农户的市场主体地位现在不变，将来也不会变。

(二)"理性人"塑造与农户行为转化

经济学中的理性人被认为是对现实生活中个体行为的高度抽象，理性人不是现实中个人行为的特征，而是个人行为取向的假设。一方面，现实生活中的个体行为模式大体上符合经济学中理性人的概念；另一方面，现实生活中没有一个个体能够完全符合理性人的行为模式。一般来说，高度概括抽象对一个理论的提出是必不可少的，因为只有通过合理的抽象，才可以把对具体个体的认知规律推广到未知领域。

理性人是公共选择学派研究非市场决策问题的出发点。理性人是指在自己认识范围内，用最小的资源投入获取最大的价值产出从而实现个人目的的"合乎理性"的人。理性人常常会采取最有效的办法，实现特定投入下的产出最大化或特定产出下的投入最小化。理性人假设能够使研究者用统一的人性观分析人们在不同条件下的决策行为。

理性人具有以下特点：

1. 自利性

趋利避害是人的本能，人们在做出任何行为选择时都是从自身利益出发，实施对自己或家庭最有利的行为。自利的内容既可以是物质利益，也可以是精神享受。自利性是行为人根据自身的知识文化水平、阅历、经验等进行自我判断的，未必是客观真实的。

2. 追求利益最大化

人们有各种各样的偏好，并能对它们进行感知、比较和选择，这些偏好会随着人们认识的改变而发生变化。理性人在行为决策中总会以最小的成本获取最大的利益，当他们确保在纯收益最大化的前提下实现其偏好时，其行为总是理性的。所以，当个人以常见的方式实现偏好最优化时，即使我们无法有效判断此偏好是否最优，我们仍然认为此行为是理性的，因此，理性不包含对目标本身的判断。

理性人的行为并非真正理性，因为他们对理性的判断受到自身认识水平局限，不能站在社会公共利益代表的角度客观公正地评价自己的行为，个人理性在他人看来往往是非理性的，会发生个体理性和集体理性的背离。另外，在追求理性的过程中会出现"目标的非理性"和"手段的非理性"。

农户是农业生产的基本单位，也是理性经济人。国内外学者对农户行为研究发现，农户行为是为了维持生计或回避风险，以及追求收益最大化。总之，他们的目的都是追求特定条件下的效用最大化。人口状况、市场条件和经济发展阶段不同时期表现形式不同。传统农业社会,追求生活满足和规避风险就是其效用最大化的表现;在不完善的市场条件下,市场化程度低的农户效用最大化的表现是满足家庭基本需求,市场程度高的则是追求利润最大化;在完善的市场条件下农户行为的目的就是追求收益最大化。

(三) 基于"理性"小农的农户污染行为选择

具有独立市场地位的农户必然具有理性人的特质,在其认识水平下,做出生产决策时总希望以最小的投入换取最大的收益。农户的生产决策可以有多种选择,选用肥料时可以使用有机肥也可以使用化肥,有机肥虽然改善了土壤结构,提高生产者能力,但价格昂贵,投入人力多;而化肥使用方便,耗费的人力少,增产明显,虽然会造成土壤和水体污染等,但污染责任一般并不是由农户自己承担的,加之农户的受教育水平低,环保意识差,具有急功近利的短视性,他们不会考虑化肥污染的严重后果。因为危害后果不会影响他们的近期收益,在他们的认识水平下,使用化肥是他们的理性选择。农药使用也是如此,如果不使用农药,自己要承担农作物遭受病虫害而无法获取收益的后果。对生物农药和化学农药的选择,生物农药价格高、见效慢,但不会造成环境污染;而化学农药价格低、见效快,但污染严重,农户为了追求经济利益最大化,他们必然会选择使用化学农药,至于造成的污染则主要由消费者和社会承担,不在他们理性选择的思考范围内。可见,农业污染的产生是农户行为理性选择的结果。

土地的家庭承包使农户成为农业生产经营的主体,也成为最基本的农业生产决策单位。作为独立的经济主体,追求经济利益最大化是他们的根本目标,他们在利益的驱动下,对各种生产要素进行优化组合。农户选择生产方式、管理农作物和投入生产资料的行为决定着土地的利用方式和污染程度。近年,学者研究发现,农户生产行为对土壤质量变化具有直接影响。一方面,农户为了追求经济收益会改变生产目标和生产行为;另一方面,农户生产行为的改变也会影响农业生产方式和生产资料的投入,生产资料投入不合理,就会引发农业污染。所以,需要从农户的视角,探析不同的生产目标和监管模式下农户行为对农业污染的作用,探寻农业污染产生的微观机理,从而优化农户生产行为,控制农业污染。

农户行为是指在特定的社会条件下,农户为了实现经济利益而做出的外部反应。农户农业生产行为体系主体包括选择生产方式的行为、投入生产资料的行为、选择农作物类型的行为和采纳农业新技术的行为。其中,农户选择生产方式的行为和投入生产资料的行为(包括施用化肥和农药行为等)直接导致了农业污染的产生,这也是农户影响农业环境的主要行为。

诱发农户污染行为的根源还有以下四个方面：

1. 农民面临生存和发展的压力

在我国，由于工农业产品的剪刀差长期存在，大部分农民生活窘迫，他们迫于生计，需要不断增加化肥、农药的使用以追求较高的农业收入。农户作为理性经济人，追求农业收益的不断增加，提高生产生活质量是其从事农业生产的根本目的，也是引发农业污染的根本原因。个人利益最大化与社会利益最大化相背离是农业污染产生的根本原因。

2. 农业生产经营行为的近视化

农户从事农业生产主要追求短期的农业收入，而不顾及农业可持续发展，其主要原因有三个。一是农村土地产权制度不完善。农村土地产权制度影响农民行为的决定性因素，对农业生产关系具有调控作用，它会影响农户对农业资源环境的利用方式。目前，我国农村土地产权主体虚位，导致农户农业污染行为缺乏有效监管。承包经营权不稳定，刺激了农户短期行为，农民对土地难以形成长效利用的预期，不愿意对土地进行长期投资。大量使用化肥、农药等，追求短期增产和可见的经济利益，不考虑污染后果。二是农民的兼业性。目前，70%以上的农民兼业，兼业行为诱发了农业生产的粗放经营。土地的适度规模经营可以减少农民兼业，促使他们精心经营和管理土地，促进化肥、农药的合理使用，减少农业污染。粮食生产面积在 $0.33hm^2$ 以上，蔬菜生产面积在 $0.19hm^2$ 以上的农户才会减少兼业，控制农业污染。三是土地家庭承包经营制约了农业产业化和农业科技的推广应用，受资金和精力等因素的限制，农产品小生产，农户在市场竞争中的弱势地位，很难做到农业的产业化和科技化。

3. 农民的环境意识淡薄

大部分农民认识不到农业污染的危害，更不会主动减少化肥、农药的使用，有意识地控制农业污染。农业生产实践中，农民主要使用化肥，有机肥的用量很少；农民也主要使用化学农药，生物农药的用量很少，大部分农民主要根据自己的生产经验使用化肥、农药，因此，常常会过量，加剧农业污染。

4. 缺乏对农户施用化肥与农药行为的科学指导

非农就业、农技培训对化肥施用存在正相关关系。目前，对农业污染的危害和治理缺乏有效宣传。基层农技推广人员大量流失，农技推广职能无法发挥，农民使用行为缺乏引导。

二、农业污染产生的理论

（一）负外部性理论

外部性是指不存在市场交易的情况下，经济主体的经济行为对其他经济主体的利益产生的影响。经济主体的行为可能对他人的利益产生有益的影响，即正外部性；也可能产生不利的影响，即负外部性。目前，农民在农业生产中大量使用化肥、农药的行为会导致土壤板结和生产能力下降，水体富营养化，甚至影响农产品质量，危及人体健康等，具有负外部性。资源的社会成本是资源利用活动付出的机会成本的总和，由于外部性的存在，社会成本等于私人成本和外部成本之和，即社会成本＝私人成本+外部成本。从理论上讲，农业生产者在配置资源时应仔细计算资源利用过程中产生的所有社会成本，既包括私人成本又包括外部成本；由于我国农民环境意识薄弱，进行农业生产决策时，仅仅追求自身利益最大化，不将外部成本计算在生产成本内，使得社会成本和私人成本、社会收益和私人收益不一致，把应当由生产者承担的外部成本给社会和环境承担，导致的直接后果就是农业资源破坏和农业污染的发生。

农业污染具有负外部性。农民为了追求农作物高产，大量使用化肥、农药等农用化学品，污染和破坏农业生态环境，这些化学物质随雨水汇集到湖泊、河流等水体中，导致水环境污染，挥发后还会污染大气环境，这就是农业生产的负外部性。负外部性是农业生产者从事农业生产的边际社会成本和边际私人成本的差。由于农业污染难监测，污染责任无法确定，污染者并不承担负外部性的后果，而是由国家和社会来承担。因此，农业生产者为追求自身经济效益会毫无顾忌地实施产生负外部性的农业生产行为。

（二）公共产品理论

公共经济学理论表明，社会产品包括私人产品和公共产品。由个人占有、使用，具有排他性、竞争性和可分割性的产品为私人产品。凡是由不特定的多数人共同占有和使用，具有消费的非竞争性，收益的非排他性和效用的不可分割性的产品为公共产品，任何个人使用此产品都不会对他人构成妨碍。农业资源环境属于公共产品，具有以下特性：一是农业资源产权不明确。法律规定，农村土地、森林、草原属于农民集体所有，但"农民集体"既不是单个农民个体的简单叠加，也不是一个实体组织，农村土地产权主体实际已被虚化，必然导致农业生产者对农业资源环境的短期行为，如过度利用土地忽视土地保护和可持续发展，毁林毁草造田、过度放牧、过度捕捞等破坏农业资源环境。农业资源环境产权不明，利用者会认为如果自己不利用这些资源，将会被他人消耗殆尽。因此，每个人都想快速耗费这些自然资源以追求个人收益的最大化，其消耗速度比资源产权明确时间要快得多。资源产权不明必然会导致对资源的过度和低效率的使用和浪费。二是资源使用的非竞争性。所有个体都可以公平地、无竞争地获取或使用某种自然资源，他们无须付出任何代价就可以任意使用这些公共资源。三是收益的非排他性。非排他性是指一个人对某物的利用并不排除他人对该物的利用。任何一个资源的利用者对农业资源环境的使用并不会影响或妨碍其他人对该资源的使用，也不会影响他人使用这种公共资源的数量和质量。

农业资源环境属于公共产品，具有开放性，所有的资源产权人都可以无限制地使用，必然会引发每个人为追求自身利益最大化而快速消耗公共资源，导致公共资源的过度消耗，产生"公地悲剧"。一群牧民在同一块公共草场上放牧，每一个牧民从个人利益出发都想多养一只羊来增加收益，因为草场作为公共产品，其退化的代价不是由个人而是由牧民共同负担的。当牧场上的羊足够多时必然导致草场不断退化，最终无法放牧，所有牧民破产，"公地悲剧"就产生了。公共资源的利用产生"公地悲剧"，是因为几乎每个公共资源的利用者都面临着这样的因徒困境：存在增加利用资源的可能时，自己增加利用而别人没有增加时则自己获利，自己增加资源利用而别人也加大利用时自己也不吃亏，最终的结果是所有人都会增加资源的利用，直到无法再加大利用时，这必然超出了资源最佳总体利用水平。因此，个体理性是引发集体利益受损的主要根源。

公共产品损害是由于私人边际成本背离社会边际成本，私人边际收益背离社会边际收益，不完全竞争的市场机制不能有效引导追求自身利益最大化的农业生产者减少和控制农业污染，因此，单纯靠市场机制很难实现资源的有效配置，会引发市场失灵。政府作为公共利益的代表需要通过干预手段校正负外部性，实现外部成本内部化，增强农业生产者保护资源环境的责任，减少和控制农业污染。

第二节　农业立体污染防治

一、农业立体污染防治概述

农业立体污染是当前环境学科新生的新型学科，是在继西方国家提出的点源污染，非点源污染概念的基础上，我国科学工作者从根治农业污染角度出发，率先提出的全新概念。该概念的提出是我国农业污染防治研究已从一维（点）、二维（面）治污研究向农业系统立体"动态"治污研究发展的重要标志，表明农业污染防治研究已进入以农业生态、物质循环和圈层为系统理论的农业污染防治研究新阶段。

无论是农业点源污染防治研究，还是非点源污染防治研究，都是以传统源头污染防治、末端污染治理思路为主要出发点，而农业立体污染防治研究突出强调了农业清洁生产过程的自净能力，突出强调了不同物质在不同界面、不同阶段的危害作用是不同的，突出强调了不同形态物质在不同阶段、不同界面转化能力、危害能力也是不同的。这意味着在不同界面采取不同措施控制物质数量与形态（污染链控制）滞留时间，不仅不会造成污染，甚至有利于提高物质的利用效率，提高物质循环利用的经济效益。因此，树立农业污染防治清本治源的观念，抓污染根源治理，是建立节约型社会、生态家园，发展循环经济的重要对策。

随着我国社会、经济和工农业生产的快速发展，农业生产承受着大范围工业对农业的污染、农业自身污染和生态环境恶化的多重影响，呈现出污染物种类增多、污染面积扩大、污染强度增大的趋势，并逐步显现出复合交叉、时空延伸和循环污染的立体化特征。针对农业污染表现出复合交叉与时空延伸的新特征，传统的"点源""非点源"污染防治思路与技术已经满足不了现实"立体化"农业污染防治的客观需求。

中国农业科学院组织有关专家积极开展了农业立体污染原理及防治措施的研究，为农业污染防治研究开辟了更广阔的研究领域。其一，农业环境问题正在受到前所未有的挑战，已经成为国际社会广为关注的重大热点；其二，农业污染已成为影响我国食物安全和农产品国际竞争力的重要因素，我国农业污染科学研究与防治实践期待理论创新与技术突破。农业立体污染综合防治新理念、新方法的提出令人为之一振，值得探究。

人地关系紧张和数量型增长导致了我国农业环境长期处于高负荷状态。耕地质量下降、水质恶化、农药残留超标、畜禽粪便非清洁排放、作物秸秆遗弃与焚烧、农业温室气体排放、农产品安全水平下降等，形成了国民经济高速增长、绿色 GDP 快速负增长的不正常现象。在 WTO 框架和全球经济一体化的大背景下，这些因素已经成为保障我国农业环境安全与食物安全、提高农产品国际竞争力、推进农村经济可持续发展与实现和谐社会等的重大瓶颈。

目前，我国已有 2/3 以上的水域和 1/6 以上的土地受到不同程度的污染，土壤退化面积不断增加，水、肥料和农药的平均利用率仅 30%~40%，城郊集约化农区地下水硝酸盐超标 20%（按国内标准估算），因不合理施肥，每年流失纯氮超过 1500 万 t，直接经济损失约 300 亿元，农药浪费造成的损失达到 150 多亿元。近年，我国农业污染集中表现为如下特点：第一，农业污染物种类增多，污染面积呈现扩大趋势。除了农药、化肥、重金属污染，大量的废弃秸秆、塑料薄膜、城乡废弃物等对农业的污染程度加大，集约化畜禽水产养殖场污染已经成为我国农业的污染大户，集约化种植业过程中不合理的农业耕种措施导致温室气体排放问题也日益显露。第二，大范围而言，污染源逐步由以工业为主与工农并重，向以农业为主转变，各种污染物进一步向农村转移，农业产地生态系统已经成为最直接的受害者。第三，污染物通过在生态系统中的积累、传递、转化、再生，使污染过程具有复合交叉与时空延伸特征，对人、畜和大区域生态系统构成危害。第四，大气、水域等污染的无限制扩张，日益成为国际社会关注的重大环境问题。

综合防治农业污染是一个世界性的课题，是人类抵御人为灾害最主要的方法，在世界范围内，农业遭受污染对经济发展和社会进步造成的损失是无法估量的。面对世界人口剧增和农产品供需矛盾、食品数量与质量矛盾等日益尖锐的严峻形势，全球性农业资源安全、环境安全、食物安全问题从未像今天这样引人注目，关注的焦点是如何解决由于全球性"人增地减"矛盾不断加剧，区域性农业资源超负荷开发利用、资源严重短缺，引发的环境质量日趋恶化、农产品产地环境质量下降和"健康、清洁"食物生产能力不足等涉及国计民生的重大问题。

随着我国国民经济的快速发展，农业生产的生态环境正面临着前所未有的严峻压力，尤其是工业、生活废弃污染物大量向农区排放，已远远超过农业本身的自净能力，对农业生态系统中土壤、生物、水体、大气（含温室气体）造成严重的破坏，已成为制约农业和农村经济发展的重要因素。同时，随着农业生产环境污染的加重和农业生产模式的转型，农业自身污染问题日益突出，相对工业污染和生活污染而言，农业污染主要是由不合理地使用化肥、农药、畜禽粪便、农业废弃物和农村生活垃圾等形成的，构成对水体、土壤、生物、大气进一步的污染，进而威胁到人类健康的一种污染。随着环境污染研究的不断深入，人们对农业污染的认识已经从最初的点源污染和非点源污染，深入更全面、更系统的农业污染规律，并提出了立体污染新课题。

二、农业立体污染的基本特征

（一）我国农业污染的严峻态势

我国在农业水土资源十分紧缺的背景下，实现了主要农产品供给从长期短缺到基本平衡、丰年有余的历史性转变。但同时农业污染现象也逐渐升级，产地环境质量局部改善、整体恶化的状况并未得到根本缓解，全国已有2/3以上的水域和1/6以上的土地受到不同程度的污染，农药、化肥、有机固体垃圾等造成的污染相当严重。近年调研表明，我国三湖（巢湖、滇池和太湖）水域污染物中，来自农业与城乡接合部的水域污染物占50%以上；来自农田、畜禽场和城乡接合部的氮磷占太湖、巢湖水体富营养化污染的70%，远高于工业与城市生活排污，我国农田肥料污染已经成为水体富营养化的主要污染源，农田肥料污染的负荷平均为47%。至今，农产品中农药的超标率和检出率在30%以上，一些地区的瓜、果、菜产品竟超过60%，对我国农产品的国际竞争力和人民健康造成很大影响。

（二）我国农业立体污染的基本特征

纵观近年我国农业污染的发展过程，有以下四个特点：

第一，农业污染物种类增多，污染空间呈现扩张和立体化的趋势。污染物不仅包括农药化肥污染、重金属污染，还包括大量的废弃秸秆、塑料薄膜、城乡废弃物等。近年来，集约化养殖场畜禽粪便污染已经成为我国当代农业的污染大户，集约化种植业也正在变成我国农业污染的主要来源，而且在温室气体排放中的作用也逐渐被关注，正在成为国际化的热点问题。

第二，在高负荷条件下，农业系统的自身污染呈不断加剧的趋势，污染源逐步由工业为主与工农并重向以农业为主转变。同时，工业与生活污染物进一步向农村转移，农业产地生态系统已经成为最直接的受害者。

第三，农业污染逐步由简单走向复杂，在表现上逐步由"点源"和"非点源"特征走向"立体"特征，呈现出时空延伸特征。污染物在土壤、水体中残留、积累，并通过物质循环进入作物、畜禽和水生动植物体内，通过食物链对畜禽、人体等构成危害。近年来，我国不断出现急性食物中毒事件以及畜禽水产品中的抗生素、激素、重金属污染等问题，已引起了人们对污染链造成的食品安全问题的高度关注。

第四，农业污染治理的难度不断加大。我国曾先后组织开展多项重大农业环境污染防治工作，并取得了一定的成绩。但由于农业污染的高度综合性、复杂性、潜伏性等，传统"点源""非点源"污染防治已无法解决复杂的"立体化"农业污染问题，对水体、土壤和大气的单方面研究已经不能从根本上有效解决农业污染问题。

三、农业立体污染防治措施和建议

（一）农业立体污染防治措施

1. 实施引导、扶持政策

农业环境保护是一项公益性的工作，应该加强国家支持力度。例如，对使用粪肥等有机肥实行补贴。施用粪肥具有正外部性，即粪肥被施用的同时减少了污染，但这种减污的公益效果未被市场承认，粪肥的施用者事实上是在免费为社会减污。为了推动粪肥的资源化利用，应给粪肥施用者以某种补贴。

2. 实施源头控制，发展循环经济

以往的农业生产大多是单一的过程，即没有考虑与自然界以及各行业间的物质循环关系，容易带来环境问题。运用生态系统的物质循环原理，建立闭路循环工艺，实现资源和能源的综合利用，可以杜绝浪费与无谓的损耗，从源头减轻农业环境污染。所谓闭路循环工艺，就是要求把两个以上的流程组合成一个闭路体系，使一个过程中产生的废料或副产品成为另一个过程的原料，从而使废弃物减少到生态系统的自净能力限度以内。例如，融生态、社会、经济效益为一体的生产布局，即畜牧业与种植业相结合，加上以沼气发酵为主的能源生态工程、粪便生物氧化塘多级利用生态工程、有机废弃物饲料化利用生态工程，实现有机废弃物资源化，不仅有效解决粪便、秸秆等有机废弃物污染，还可逐年提高土壤的有机质含量，确保农业的可持续发展。再如有机废弃物的工业利用工程，即把农业废弃物中的纤维素和半纤维素分离出来，用于人造纤维、造纸及其衍生物的生产；通过纤维素和半纤维素的水解，将所含的多糖转化为单糖，再进行化学和生物化学加工，制取酒精、饲料酵母、葡萄糖等多种化工产品。

3. 完善农业环境监测网，摸清农业污染的底数

在农业系统已有的监测网站的基础上，根据农业立体污染监测的需求完善并形成覆盖重点区域的农业立体污染监测网络，通过长期定点监测，摸清农业立体污染的底数，为我国农业立体污染防治技术的研发和农业环境污染政策的制定提供科学依据。

4. 开展农业立体污染防治理论与技术的研究与创新

在进一步加强农业非点源污染防治和减少温室气体技术研究的同时，必须尽快全面实施一体化的综合防治理论与技术研究，重点开展主要污染物在水体—土壤—生物—大气系统中迁移规律的研究、农业生产过程中立体污染的阻控新技术和新方法的研究，建立农业立体污染防治技术的诊断与评价方法，为防治农业立体污染提供技术支撑。

5. 建立综合防治示范点，提供环境友好的技术模式

结合农业发展总体布局，根据不同区域的污染特征和社会经济条件，在典型区域建立农业立体污染综合防治示范点，开展立体污染综合防治技术区域适应性研究，筛选出关键防治技术，示范推广节本增效、环境友好的技术模式。

6. 利用高新技术，防治农业立体污染

20 世纪 90 年代，我国提出了环境与发展十大对策及 "科技兴国" 和 "可持续性发展" 战略。在国家计划中对资源与环境问题展开立项研究。其中包括不充分灌溉条件下水肥相互作用机理及提高水肥效益研究，土壤退化的时空演变、退化机理及控制对策，草被对防治土壤退化的作用研究，提高化肥利用率的高效施肥技术研究，高产高效施肥综合配套技术研究，土壤肥力与施肥效益监测创新技术，高产稳产农田肥力优化模拟，农药科学使用与生态效应研究，重要病虫害灾变规律及综合防治研究，环境异物对农业持续发展的影响与调控等。这些科技成果的应用，必将有效地防治农业立体污染。例如，应用生物技术治理农业环境污染具有效果好、安全、无二次污染等优势，是保障可持续发展的一项有力的技术措施。生物技术可用于受污染农田的修复，水污染的治理、化学农药残毒对人和禽畜的危害治理，不可降解塑料造成的白色污染治理，农林废弃物、禽畜和水产养殖造成的污染治理。另外，生物技术还可以对生物资源进行有效的保护和合理利用。

(二) 大力发展清洁农业综合防治立体污染

1. 发展清洁农业是确保农产品质量安全的重要途径

"清洁农业" 是 "清洁生产" 在整个农业产业体系中的应用，不仅要求在田间场地中实施清洁生产操作规程，还要求农业产业链的各个环节进行清洁操作，最终实现农产品的清洁化供给。

我国农产品质量安全方面的基础工作是围绕 "无公害农产品" "有机食品" 和 "绿色食品" 等展开的，经过多年努力，成效显著。目前，市场上的 "无公害农产品" "有机食品" "绿色食品" 等是针对食品质量安全认定标准进行的分类。"无公害农产品" 允许生产过程中限量、限品种、限时间地使用人工合成的安全化学农药、兽药、肥料、饲料添加剂等，它符合国家食品卫生标准，但比 "绿色食品" 标准要宽。"绿色食品" 的标准范围从允许限量使用化学合成生产资料到较为严格地要求在生产过程中不使用化学合成的肥料、农药、兽药、饲料添加剂、食品添加剂和其他有害于环境和健康的物质。有机食品是根据国际有机农业生产要求和相应的标准生产加工的，生产加工过程中绝对禁止使用农药、化肥、激素等人工合成物质。但是，单纯地追求使用有机肥，操作不当会对农田生态环境和农产品安全产生负面影响。研究表明，目前，我国有机肥每单位养分所带的有害元素量普遍比化肥更多。另外，在有机肥的产业化加工、商品化流通和跨区域施用过程中，会使存在于有机肥中的有害成分不断扩散，有害的病、虫、草等也会对作物、人体和畜禽

构成危害。

因此，在我国农产品质量安全的实际工作中，按照"清洁农业"的发展要求，在投入品方面，无论是人工合成的还是天然有机的，都应注重质量要求，从源头引入农产品产地环境中水、土、气、生立体交叉污染的综合防治思路，将我国农产品质量安全体系建立在清洁产地环境和清洁生产资料的基础上，并通过现代农产品供应链中对环境友善的供求关系调控，使农产品由数量型向质量效益型转化，并通过科技集成创新产生一大批"清洁农业"领域科技成果。将"清洁农业"作为生产安全食品的先决条件和农产品质量安全体系建设的生命线，探索一条符合我国国情的确保农产品质量安全的长效机制。

2. 集成创新是当前发展清洁农业的战略需求

"清洁农业"是合理利用资源并保护生态环境、保障农产品质量安全的实用农业生产技术及措施的综合体系。需要采用集成创新的思路，构造有效的技术体系，以实现相互独立但又互补的科技成果对接、聚合而产生的创新。在"清洁农业"的研究领域，综合化、集成化的重要性更为明显。

长期以来，我国"清洁农业"领域的科研工作在一定程度上存在把单项技术作为研发活动主要方式的现象，缺乏与其他相关技术的有效衔接，致使科技研发活动的效率和科技成果转化率不高。今后，应把集成创新作为加强自主创新能力建设的关键，大力促进"清洁农业"技术体系发展。

（1）实施战略集成，确定清洁农业技术集成创新的重点

针对农产品质量安全的战略性重大科技需求，选择具有较强技术关联性的清洁农业项目，集中科技资源，大力促进各项相关技术的有机融合，实现关键技术的集成创新。一方面，将农业立体污染综合防治的思路延伸和渗透到农产品质量安全的生产和管理中，从产品产地环境中的水、土、气、生立体交叉污染循环链接的控制入手，严格规定生产资料及废弃物的标准，形成新型"清洁农业"生产技术体系；另一方面，通过农产品供应链末端消费者的需求导向，从现代农业供应链中龙头位置的超市控制"清洁农产品"供应商及其直属农场和协作农户的农产品质量标准，形成对环境友善的新型农产品安全生产的供求关系。以农产品产地水、土、气、生立体交叉污染综合防治和现代农产品供应链控制农业污染及科技集成创新等思路形成重大战略性与前瞻性项目，将其作为清洁农业技术集成创新的抓手，可带动一大批清洁农业科技项目，以实现自主创新的重大突破。

（2）实施资源集成，夯实清洁农业技术集成创新的基础

集成现有农业科技资源，包括对现有技术、资金、市场和人才等要素进行系统的大规模整合、优化，鼓励高新技术企业与科研单位、高等院校、大中企业建立多种形式的科技

经济联合组织，并按要素的效应进行分配，夯实清洁农业技术集成创新的基础。密切关注国内外农业科技资源的最新动向，将各种渠道获得的创新资源组织集成，不断优化创新资源配置。我国农业科学技术的创新主体大多是各自独立的科研单位、大专院校和企业，通过全国创新资源的融合，能使清洁农业技术集成创新保持旺盛的活力。

（3）优化组织机制，提高清洁农业技术集成创新的效率

在技术发展迅速、用户需求变化多端的环境中，要完成复杂的资源密集型农业生产任务，优化清洁农业的组织机制至关重要。清洁农业应以产业、技术或产品为平台，以计划、项目为主要组织形式，并辅以相应的农业生产技术手段和经济管理手段支撑的集成创新模式，在较短的时间内集成清洁农业生产的相关技术、信息、知识、能力等创新资源，在一个相对稳定的平台上实现农产品质量安全体系建设的创新突破。

（4）加强支撑体系建设，改善清洁农业技术集成创新的环境

实现清洁农业集成创新的目标，不仅取决于对农业生产内部资源、人才和技术的集聚力，还取决于对科技单位、金融部门、相关企业、地方人民政府和当地农民等外部因素的融合力。营造良好的环境，可使清洁农业科技产生协同效应和强化效应。

3. 发展清洁农业的关键及应对措施

（1）严格控制农业投入品质量

农业投入品的有害成分是农业生产过程中的污染源，主要通过施肥、用药、灌溉等生产活动导入农业生产系统，最终危害农产品质量。因此，要严控农业投入品质量。在施肥方面，注重使用无公害环保化肥、复合肥和有机肥，同时针对有机肥质量难以控制等问题，严格执行有机肥产品质量的行业标准，并确立严格的产品登记和质量检测制度，大力发展和施用无污染的微生物肥料，以提高农作物品质、减少化肥需用量、改良土壤、增加土壤肥力。在用药方面，了解药物成分的明确数据并据此科学指导施用，尽量控制使用污染环境的杀虫剂、杀菌剂、除草剂，倡导选用高效、低毒、低残留新型农药。例如，由常规化学农药添加缓释剂加工而成的长效、缓释、控释农药，可控制、预防有害生物危害，又可最大限度地减轻对环境的污染。在灌溉方面，加强对污水灌溉的管理，严控城市污水和工业废水中排放的重金属、有毒、有害、有机物及酸碱等标准，保持农业灌溉用水的清洁度。

（2）有效落实农业生产操作规程

在施肥、用药、灌溉等环节，严控投入品质量，同时针对每一种投入品还应有具体的操作规程。例如，根据土壤养分和作物需要，配方平衡施肥，在规定时间内施用规定的量。根据肥料的种类及理化性质，合理混用化肥，如有机肥与无机化肥的合理混用，以提

高肥料利用率并改善土壤结构，防止土壤板结。这些规定要有严格的科学依据，并体现在合法的操作规程中，以减少浪费，降低其对环境的污染，并有效提高农产品质量。

（3）综合防控农业污染，加强农产品产地环境建设

农产品产地环境水、土、气、生立体交叉污染是工农业快速发展的一个伴生产物，是由不合理的农业生产方式和人类活动引起的。因此，在立体污染的防控技术上，一方面，要审视以往技术上暴露出来的问题，另一方面，要进行科技创新，研究新问题，提出新方法，从而加强农产品产地环境的建设工作。首先，避开地球化学污染的威胁，因为某些地域地壳化学构成异常，有害元素如铅、汞、砷、氟等元素相对富集，造成对环境的污染；其次，产地内在项目建设的同时进行"废气""废液""废渣"治理建设，并达到规定"三废"无害化排放标准；最后，在畜禽养殖区，进行畜禽粪便无害化处理，防止其对环境的污染，并对产地的大气、土壤、水体定期进行检测，使环境质量达到国家规定的标准。

（4）加强科研、推广、生产之间的链接

以科技集成创新为核心，确保"清洁农业"有旺盛的技术供给源泉。在农药品种方面，要研究高效、低毒、低残留农药替代剧毒性农药，并加强生物防治技术的开发，研究生物基因工程在防治作物病虫害中的应用。在施用技术上，探索科学、合理、安全的农药施用技术。研究农药在农作物中的变化、残留规律，制定农药安全使用标准，规定农作物的安全收割期，常用农药在食品中的允许残留量等。将科研成果的推广建立在高效的平台上，使农业生产中的直接操作者、广大农民了解清洁生产的意义和规程，推广环境友好型农业生产技术规程，从产地投入及环境水平方面保障农产品质量安全。

（5）注重体系建设与管理

良好的农业生产行为离不开合理的农产品质量安全体系的建设和科学的管理。"清洁农业"牵涉方方面面，大到国家的农产品质量安全，小到每个农户的意愿，必须有相应的政策体系和管理机制。例如，土壤肥力的清洁提升是农业发展的一种新模式，应贯穿农业生产的全过程，因此，必须落实宣传政策，改变传统的生产观念，通过多种途径提高农业生产人员的文化和科学技术水平。要加强宏观调控，优化食物安全预警体系，完善配套的食物安全标准。

（6）改善农业科技集成创新的政策环境

完善发展清洁农业的相关法律法规，尤其是知识产权法律法规体系，促进科技成果顺利流通，以推动清洁农业科技集成创新。同时，加强清洁农业基础研究与推广资金保障体系建设，制定多元化的投入政策，在进一步加大国家投入的同时积极引导相关企业和社会

资金投入，采用合适的融资方式利用外资，制定清洁农业科研风险投资政策。强化政府对农产品质量安全科技创新的财税支持，建立补贴、信贷等制度，并实行特殊的税收优惠政策。提高政府的组织协调功能，协调产、学、研三者之间的关系，建立促进农产品质量安全体系、建设科技创新体制。

（7）充分发挥现代农产品供应链在防治农业污染中的作用

利用现代化农业供应链中超市的作用，把源于消费者对"清洁农产品"的需求转化为利益动力，传递到整个供应体系中，强化对农产品规格、质量、等级的要求，促进农产品产地污染防治和农产品质量安全标准的实施。同时，超市通过建立优质价格制度、市场准入规定、执行监测制度、可追溯供应体系、专业物流体系等进行制度创新，进一步促进农业污染的综合防控和农产品质量的提升。现代农产品供应链还有利于提高农户组织化程度，促进农户与现代化农产品供应链的联系，从而从组织机制上保证农产品质量和产地环境安全，为我国农产品质量安全体系建设提出新思路。

第三节　农业污染防治政策与管控建议

一、我国农业污染防治政策分析

在我国推进经济发展方式转型、建设生态文明的关键时期，及时进行适合我国国情的农业非点源污染控制技术研发与政策制定已经成为我国环境保护工作的当务之急。

（一）发展生态高效的现代农业

我国环境保护工作思路已经实现了从"末端治理"到"源头防治"和"全过程控制"的战略转变，同样在农业生产污染防治过程中，我们不仅要关注农业污染源的控制和农业污染排放的末端处理，更要从战略高度规划与发展可持续的现代化农业，实现农业生产的低投入、低污染、高产出。主要从两个方面着手：一方面，合理地引导农业种植结构的调整，选择种植适合本地地理、气候、资源禀赋等特征的农作物。例如，滇池流域种植业高度集中，复种指数高，商品率高，大量耕地用于种植花卉、蔬菜、烤烟等农药、化肥施用量大的作物，造成滇池流域非点源污染严重。近些年，滇池流域调整农业结构，坚持以农改林，沿湖坝区调整为园林园艺、苗木种植和农业休闲观光区域，明显改善了流域非点源污染情况。另一方面，加大农业生产科技研发力度，促进农业生产技术的全面升级。借鉴其他国家先进的高科技农业生产技术，从农业生产要素投入农业生产过程控制，再到农业生产废弃物再生利用，将传统农业化学与信息技术、生物技术结合起来，加快推动我国农业生产走向生态化、数字智能化、精准化、高效化，从根本上破解我国农村环境保护"治标难治本"的困境。

（二）加强农业清洁生产技术研发和推广

农业清洁生产是从根本上减少农业生产污染的有效途径，从源头、田间管理及末端拦截三个环节控制农业污染，重点从以下三个方面加强相关基础研究和技术创新：第一，研究开发高效、低毒、低残留、低成本的有机肥和生态农药等新产品，从源头控制污染摄入量；第二，研究开发测土配方施肥技术，针对不同地域、不同类型耕地、不同气候、不同作物的具体情况研究精准施肥技术，确定化肥品种、用量及施用方法；第三，研究开发农业生产废弃物再利用技术，重点是农作物秸秆发酵和沼气采集利用、大型畜禽养殖场畜禽粪便加工有机肥等关键技术。

（三）构建技术推广服务体系，使农业清洁生产技术真正落到实处

一是政府或农民专业技术组织，对农民定期进行农业生产科学知识普及、教育和培训，使农民真正掌握农业科学生产知识；二是培养一批农业科学生产技术推广服务人员，深入农场、田间和果园，手把手帮助农民应用科学生产技术。

（四）完善农业生产污染防治管理体系

针对农业生产污染特点，从以下四个方面逐步完善我国农业生产污染防治管理体系：

第一，建立和健全县、乡镇级环保机构，配备专门的农村环境保护工作人员，这是解决农业生产及农村环境污染问题的首要基础。

第二，设置农业生产污染防治专项资金，建立农业生产污染专项研究科研平台，加大对农业生产污染防治技术的研发投入，并通过重大项目带动与优势力量凝聚，尽快开展典型农业生产污染物（氮、磷）负荷排放特征、削减与治理相关问题的研究。

第三，建设农业污染监测体系，摸清农业非点源污染的组成、发生特征和影响因素，全面掌握农业非点源污染状况，监测并发布主要农产品基地环境质量状况、开展农村与农业环境状况调查与评估、建立农村与农业环境管理数据库。

第四，制定适合农业生产污染特点的法律法规和环境标准，建立从农业生产投入要素到食品加工和饮食业等各个环节法律法规及配套制度，包括防治化肥和农药非点源污染的

专项法规，进一步完善农业环境保护法和食品安全法等相关的农业污染控制法规和条例。

二、农业污染管控的理论

（一）政府监管理论

政府监管理论的提出是市场经济发展的结果，是在市场失灵、自由竞争引发垄断以及存在外部性等情况下形成的。西方政府监管理论的形成和发展与市场发展水平和政府处理市场问题的手段和方法密切相连。不同学者对政府监管有不同的理解，美国经济法学者史普博（Spulber）认为政府监管是政府机构制定执行市场干预机制或改变生产者和消费者供需决策的规则和行为。日本产业经济学家植草益认为，政府监管是政府机构依照一定的规则和程序对企业活动予以规制的行为。政府监管是在市场经济体制下，为了校正、改善市场机制存在的问题，政府干预经济主体活动的行为。可见，政府监管是政府机关通过财政、经济手段，对生产者或消费者等微观经济主体的行为进行宏观调控的行为。

政府监管理论赋予了政府监管权，即政府为了履行微观监管职能而享有的行政权。政府监管权包含下面四个要素：

一是监管权的前提和形式。政府监管权是市场存在竞争不完全、垄断、负外部性、信息不完全等市场失灵问题而实施的公共管理权。监管权存在的前提条件是微观经济存在市场失灵问题。

二是监管权的行使主体。监管行为要求监管者具有权威性、中立性、独立性和可信性。权威性指监管主体具有经济、法律、技术等方面的专业知识和技能，能够提出专业意见和建议。中立性指监管主体立场中立，与被监管者不存在利害关系。可行性指监管主体创设，行使监管权的程序和措施都能够取信于众。独立性指监管主体法律地位明确，能自行处理监管事务，排除其他机关干涉。可信性是指监管主体的行为能够被监管者认可和接受。

三是监管内容和形式。监管内容一般包括微观主体的市场准入、价格、信息披露、反垄断等方面。具体的监管行为包括资格审查、标准设立、价格控制、市场主体的行为准则构建以及处罚和监督等。

四是控制监管权和相对人权利救济。监管权会对个人权利进行限制，因此，应该对其予以限制。具体途径包括以下两方面：一方面，对政府管制的异议根据法律规定对其进行审查；另一方面，对具体的监管行为通过行政复议或行政诉讼进行救济。

政府监管，一方面，是推进市场经济发展的客观要求。在市场经济发展过程中，自由竞争带来盲目性、自发性、滞后性等市场失灵的现象，加强政府监管有利于维持市场经济的有效运转。另一方面，政府监管是解决生态安全的有效方式。我国的经济发展付出了惨痛的环境代价，要解决经济发展和环境保护的矛盾，加强政府监督是一种必然选择。

（二）机制设计理论

机制设计理论是由经济学家里奥尼德·赫维茨（Leonid Hurwicz）提出，诺贝尔经济学奖得主埃里克·马斯金（Eric Maskin）和罗杰·B. 迈尔森（Roger B. Myerson）进行发展和完善的。其理论核心是如何在信息不对称和分散情况下通过激励相容的机制设计对资源进行有效配置。此理论使人们明确了不同资源优化配置机制的性质，使他们认识到什么情况下市场机制会失灵，帮助人们确定和选择有效的交易机制和管制措施。它为设计、研究和比较不同经济机制和制度设计提供了理论基础。

经济学家们通过对 20 世纪三四十年代社会主义计划经济机制可行性的讨论后发现，信息不完全和有效激励是计划经济和市场经济共同面临的问题，怎样的机制才能解决资源的优化配置，赫维茨提出了机制设计理论。

机制设计理论内容包括三个方面：

1. 激励相容

一个经济机制最需要解决的两个问题是信息问题和激励问题。机制的有效运行需要收集和传递大量的真实信息，但是大部分信息往往是私有的，就需要采取措施激励参与人告知真实信息。信息不对称时，不同参与人的动机不同，怎样使个人目标符合社会目标，这就是激励相容。在特定机制下，如果参与者如实告知自己的个人信息可以实现其占优均衡策略，这就是一个激励相容的机制。这种机制使参与者在追求个人利益的同时也能实现社会利益的最大化。但是，在正常情况下，理性经济人总是自私的，个人利益和社会利益往往不一致，在个人信息分散的情况下，不存在有效的机制激励个人主动告知自己的真实信息。

2. 显示原理

显示原理是指人们在寻求最优设计机制时，可以通过直接机制对其进行简化，减少机制设计的复杂性。只要直接机制存在激励相容，就可以实现特定的社会均衡。此原理表明，一种机制的任何均衡结果完全能够通过另一种直接机制达到，可以从多个直接机制中选择一个最优机制。原因在于任何一个机制都可以找到一个激励相容的等价的直接机制，而且可以对直接机制进行数学分析。

3. 执行理论

20 世纪 70 年代，马斯金提出了机制的实施理论，他用博弈论论证了社会选择规则的实施问题，并对单调性和无否认权的性质进行了讨论。单调性是指在特定环境下某一方案是有效的，环境改变以后，根据所有参与人的选择，这种方案仍被认为是最有效的，这种方案就应该是社会选择。单调性是社会规则付诸实施的基本要求。无否定权是指一种方案是所有人认同和选择的，没有一人例外的情况下，这种方案就是社会选择。一种机制同时满足单调性和无否决权条件，这个机制就是可实施的，这是机制实施的充分条件，单调性是机制实施的必要条件。

农业污染管控就是在农业污染信息不完全、农业生产分散的情况下，设计一种机制既能有效激励国家和政府对农业环境的管理，又能激励农业生产者合理使用化肥、农药等化学农用品，使个人利益和社会利益相一致，实现经济效益和环境效益的双赢，有效控制农业污染。农业污染的管控机制很多，应该从中寻找一个管控成本低、农业生产者容易接受、管控效果好的最优直接机制，取代复杂、烦琐的管控机制。农业污染的管控机制只有在所有农业生产者都认为是最好的，并无人持相反意见的情况下，才能得到农业生产者的认可，也才能在实践中得到贯彻实施。

（三）行为激励理论

农业污染具有负外部性，只有把负外部性转化为内部成本，并对农户生产行为进行激励，这是农业污染有效管控的前提。在校正负外部性时，由于私人边际成本背离社会边际成本、私人边际收益背离社会边际收益，不完善的市场机制无法有效引导理性农业生产者把资金和投入有效配置到农业污染管控中，因此，单纯依靠市场机制很难实现资源的有效配置，会导致市场失灵，需要通过政府干预的方式对负外部性进行校正，实现外部成本内部化。政府的矫正措施对农户行为进行有效激励，减少农业污染的发生。激励可以分为正激励和负激励，内容可分为物质激励和精神激励。正激励是指对农户减少农业污染的行为使其收益增加或社会评价提升，包括补贴、奖励等方式，如对农户使用有机肥、生物农药等减少农业污染的行为进行补贴；对保护农业生态环境的行为进行奖励。负激励是指因农户的污染行为减少其经济收入或降低其社会评价，如对农户污染行为征收资源环境税导致农户收益减少，通过批评使农户社会评价降低。

庇古税是一种有效的激励手段。英国经济学家阿塞·塞西尔·庇古（Arthur Cecil Pigou）认为，市场不能有效配置资源的主要原因是经济人的私人成本和社会成本不一致，私人的最优导致社会的非最优。对负外部性进行纠正的方式是政府通过征税或者补贴矫正经济人的私人成本。只要政府采取措施使私人成本等于社会成本，私人收益等于社会收益，就可以达到资源配置的帕累托最优。这种纠正外在性的方法为"庇古税"。

设立庇古税的意义在于：首先，通过征收污染产品税，使污染环境的外部成本转化为生产的内部税收成本，降低私人的边际净收益，增加社会边际收益。其次，环境税提高了污染产品的生产成本，降低了生产者的收益预期，减少了污染产品产量和环境污染。再次，增加污染治理资金。庇古税在调节生产的同时，还会增加税收收入，可作为专项资金用于污染治理。最后，庇古税会引导和激励生产者不断寻求清洁生产技术，减少污染，从而降低缴纳的税收。

庇古税的功能有以下两个方面：一是有效配置资源，使污染减少到帕累托最优水平。污染者总会对现有污染水平下缴纳的税收和减少污染、少交税收获取的收益进行权衡，如果减少污染的成本小于缴纳的税收，生产者就会减少污染，直到税收和污染治理成本相等时，达到污染最优水平。二是有效矫正外部不经济性。通过税收对生产和消费中的外部成本进行矫正，使产量和价格在效率上达到均衡，矫正边际私人成本，使污染者认识到污染造成的社会成本，因此，环境税又称为"矫正性税收"。矫正性税收的另一优势在于有效避免了税收的扭曲性效应。比如，个人所得税的税率过高时，人们往往会工作懈怠以规避税收，有奖懒罚勤的副作用，相反，庇古税正是对外部不经济性的调整，具有修正性作用，避免了税收的扭曲效应。

庇古税主张通过政府行政干预的方式使私人边际成本与社会边际成本相等来解决农业生产的外部性问题，政府通过税收或补贴等经济干预手段使边际税率或补贴等于外部边际成本或外部收益。一方面，对具有负外部性的农户行为征收环境税，限制其生产规模、减少其负外部性；另一方面，对具有正外部性的农户行为给予补贴，鼓励其扩大生产规模、增加农业生产的正外部性。赏罚并举，农户为了追求农业收益最大化，他们将会从自身利益出发，使农产品价格等于社会边际成本，使个人效益最大化和社会效益最大化相统一，使外部成本内部化。

庇古税的实施难点是，庇古税的前提是税收等于社会最优产出点上的边际外部成本。这就需要准确了解污染损失的货币价值，这个难度很大，甚至无法实现，因为农业污染具有多样性、间接性和滞后性以及不确定性，有些损失很难用货币衡量。因此，庇古税的实施缺乏可行性。替代办法是，通过制定环境标准替代理论上的最佳点，并据此设定税率，实践中的环境污染税就体现了这一思路。实际上，只要对污染行为征税，就会在一定程度上具有庇古税的作用，虽然税收不能完全等同于理论上的理想临界点，但如果实际环境税与之越接近，则污染管控效果越明显。

三、基于综合防控模式的政策建议

（一）建立健全农业污染防治法规体系

我国农业污染形成机理复杂，其防控的边缘化导致至今没有形成其相应的防治法规体系，导致针对农业污染的防控缺乏规范性、长效性。当务之急应尽快构建科学合理的农业污染防治法规体系，使农业污染的防治工作有法可依、有章可循。

第一，应从发展循环经济和建立环保、资源节约型社会的角度出发，构建由政策框架法、单项实体法和程序法等构成的完整法律框架，如控制有机废弃物排放的法规、促进有机废弃物循环利用的法规、控制农药污染的法规等。

第二，要对每一单项实体形成法律、行政法规、规章和技术规范所构成的配套体系，强化法律的可操作性。

第三，要建立健全污染检测体系，对农药等化学投入品的生产、使用、贮存和运输实行全过程监控，从农业污染产生的各个可能的环节进行有效控制和监测。

第四，需要加强地方立法，我国各地区经济发展水平不同，污染程度差异很大并且形式多样，各地区要切合地域特点，制定符合区域发展的地方法规，加强农业污染防控的针对性和可操作性。

（二）构建我国农业污染防治的财政政策

在环境污染治理中经常用到的经济手段有税费制度、财政补贴、排污权交易等，但目前来看，在农业污染的治理中，这些经济手段的应用还不是很普遍。构建我国农业污染防治的财政政策，首先应该在流域层面开展化肥农药税和污染收费政策、费用分摊政策、生态补偿政策和点源—非点源排污权交易政策等试验活动，甄选出符合区域特征的、防控成效较好的财政政策予以推广；同时要详细明确各级人民政府在财政支农方面的界限和责任，将支农财政纳入各级人民政府的预算。针对我国大部分地区县、乡都没有自行支付这部分财政的能力，中央和地方人民政府要增加这部分财政特别是绿色补贴的投入，形成以中央和省级人民政府为主、各地市县乡为辅的绿色补贴体制。此外，还要积极探索建立投融资和财政补贴机制的渠道，采用财政融资、政策融资和市场融资相结合的融资手段，加强环保参与和引导投资的能力，拓展国内外的优惠贷款渠道，与各种金融组织采取多样式的合作。

（三）完善农业环境监测体系

农业污染与空间、季节、时间、地形植被状况、水域面积等直接相关。我国地域宽广，自然环境形式多样，有效开展对农业污染的防控需要建立农业污染的地理信息系统，提高监测效率和决策准确性。农业环境监测体系的建立：①需要规范我国农村污染监测的法律体系、指标体系和统计体系；②要完善现有的农业系统检测网站，并根据农业污染检测的需求，建立并形成覆盖重点区域的农业污染监测网络；③还要对已实施的控制技术和措施进行记录，通过长期定点监测，摸清农业污染的底数。农业环境监测体系的完善，一方面，有利于建立农业污染防治技术的评价方法以及各区域适应型技术的研究，健全和完善农业面源污染防治技术体系；另一方面，还可以在此基础上重点开展主要污染物在整个生态系统中迁移规律的研究、农业立体污染防控新技术新方法的研究，开发基于空间数据的决策支持系统。

（四）建立农业污染综合防治示范点

建立农业污染综合防治示范点的目的在于以点辐射面，低成本实现区域农业污染的防控目标。①根据不同区域的污染特征和社会经济发展条件，选择典型的农业污染综合防治示范点。在示范点内，通过污染综合防治的区域适应型技术研究，筛选出关键的防治技术，形成技术集成模式，并规划农业发展和环境友好型技术相结合的总体布局，探索不同的生产模式下的农业污染综合防治技术与管理模式，建立示范区农业污染综合防治的管理机制，形成节本增效、环境友好的农业发展模式。②通过高效技术的集成和推广，不仅能从源头控制农业非点源污染，而且通过建立综合防治示范点，发展可持续农业或生态农业等良好环境行为的耕作模式。③还要通过建立综合防治示范点推广有机食品和绿色食品标准及标识认证，鼓励有机食品和绿色食品的消费，不断扩大其市场，从而有效拉动农业污染防控。

（五）加强农民专业技术组织的建设

研究表明，农业技术协会或者农业经济合作组织等不仅可以组织农户进行市场销售、参加技术培训，同时也能引导农民增强环保意识，促进环境友好型技术的推广。农业污染的分布面广，排放量大，不仅仅涉及某一户或者某一个区域，其防治需要农户的广泛参与。农业专业技术组织可以通过宣传和培训，消除农户对农业污染的模糊认识，更要全面了解污染的途径和严重危害性，增强污染防治的自觉性。目前，我国政府已经多层面推动了此类组织的建立，但由于管理系统的缺乏和法人地位的不确定，这类专业技术组织的数量还远远不够，其作用的发挥也受到了限制。因此，建议尽快建立农民专业技术组织相关的法律法规，明确其功能定位、法人地位、管理职能等，发挥其在环保宣传、化肥农药等管理和技术培训等方面的功能，充分发挥其宣传、培训、推广等方面的职能。同时，政府要转变职能，为此类组织提供信贷、培训、信息交换等方面的支持，一方面扶持和鼓励农民专业技术组织的建立；另一方面提高这类组织的层次，为其信息更新开通渠道。

未来重点要抓好五项工作：第一，加快构建农业农村生态环境保护制度体系，构建农业绿色发展制度体系、农业农村污染防治制度体系和多元环保投入制度体系；第二，着力实施好农业绿色发展重大行动，强化畜禽粪污资源化利用、强化化肥与农药减量增效、强化秸秆地膜综合利用；第三，稳步推进农村人居环境改善，建立农村人居环境改善长效机制，学习借鉴浙江"千村示范、万村整治"经验，开展农村人居环境整治争创示范活动，总结推广一批先进典型；第四，大力推动农业资源养护，加快发展节水农业、加强耕地质量保护与提升、强化农业生物资源保护；第五，显著提升科技支撑能力，突出创新联盟作用，加强产业技术体系建设，集成推广典型技术模式。

第五章
农业绿色生产与生态农业模式

第一节　农业绿色生产的理论支撑

一、农业绿色生产

随着工业的发展与技术的进步，实现了农业生产的革命，提高了生产力水平，避免了传统农业产前、产中、产后的分离。特别是在基因技术的实施下，农业生产又一次实现了技术革命，生产力满足了人口增长对农产品数量的追求。但在农业生产过程中，极易受到自然条件与地域性、时效性等特点影响，"农业绿色生产"就有"农业生产"和"绿色生产"两个方面的要求，从概念的本身来看更加注重"生产"。而从农业绿色生产的全产业链角度来分析（后文内容中不再做具体区分）：产前绿色生产（包括土地综合治理、绿色金融等资金供给）、产中绿色生产（包括农资投入、绿色生产技术和经营管理）和产后绿色生产（包括材料、运输折损等）。

前期有学者针对工业化造成的环境问题提出了"清洁生产"的概念，后虽有学者提出"绿色生产"的概念，只是以企业效益为核心的现代经营模式，而农业绿色生产是二者外延的发展。具体地讲，本研究认为绿色生产与传统生产之间的根本区别在于是否体现"绿色"二字，绿色生产之所以侧重绿色，而非其他颜色，关键在于农业生产环节中资源的可循环再生利用。所以，在生态效益与社会效益方面，绿色生产更加低能耗高效率，也是一种为推进生产文明的新型生产方式。绿色生产的定义又需要区别于绿色农业的定义。绿色农业是农业生产方面进步的一种发展模式，发展绿色农业产业是建设现代农业的必然，而绿色农业产业中包含生产、分配、交换、消费等环节，绿色生产可以被认为是绿色农业发展中的关键一环，是一种符合污染控制与生态保护的环保战略。

农业绿色生产强调生产过程中减少污染的同时更有效地利用资源，即"留下子孙后人田"。农业绿色生产应是农业产业发展过程中的一个重要环节，其核心都应围绕生产的绿色化。农业绿色生产全过程既是对资源与环境的索取，也是对资源和环境的保护，在农业绿色生产实施中可以确保生态、资源、农产品安全，提高农业综合效益。因此，农业绿色生产就成为统筹农业生产、农业生态之间的良好桥梁。面对人与资源环境关系日益紧张的状况，改变传统农业生产模式，就是人与自然关系模式的转化，究其根本目的是实现人与自然的和谐统一，把"以征服、改造自然"为核心的生产转型为绿色化、生态化的生产。

二、绿色发展理念

绿色发展（Green Development）的概念对应着传统工业模式下的"黑色"发展模式，后者模式是以牺牲生态环境为代价，因而催生了人与自然和谐发展的绿色发展的概念。但单纯地追求人与自然的和谐发展方式只是狭义的绿色发展；广义的绿色发展，是建立在生态环境的容量和资源承载力的约束条件下，把环境保护当作可持续发展的重要支柱，也是一种新的发展模式。绿色是生命的原色，是自然之美，人们更是常借"绿色"一词来比喻"生命""健康"和"希望"。发展是人类的永恒追求，绿色成为贯穿发展始终的要求。

18世纪中叶以来，在工业文明的洗劫下，美好的自然环境受到严重污染，变得疮痍满目。绿色革命虽然促进了农业生产，却付出了巨大的生态代价，例如，环境污染、生物多样性丧失、气候变化、土地退化以及人类健康。在此过程中，人类社会活动使自然界成为"人化的自然界"，即人类带着有目的的实践活动给自然打上了人类实践的痕迹。20世纪60年代，随着人们环保意识的提升与觉醒，"浅绿色"发展理念开始扩散至全球，引发了人们对人与自然关系的思考，是对生态危机的总体回应。但在旧的工业文明对生态危机影响的探讨上，又盲目地偏重于从技术层面去关注。60年代后期，产生了以罗马俱乐部为代表第二波"浅绿色"发展理念，提出的零增长理论更是将人们带入了一种人类悲观主义态度中。90年代，"深绿色"理念对环境与发展再次进行了整合，对产生环境问题背后的社会原因进行了反思，对"浅绿色"理念进行了进一步的深化，并提出了解决问题的措施，如要求资本要向生存环境受到影响的人民付费。挪威著名哲学家"深层生态哲学"提出者阿恩·奈斯（Arne Naess）提出了生态共生理念，相对于浅层生态运动只局限于人类本体的资源和环境保护的改良主义环境运动更为激进，但也得到了更为广泛的认可。

但总的来看，"西方中心主义"的价值立场下，"浅绿"发展理念和"深绿"发展理念虽然分别以人类中心主义和生态中心主义为理论基础，但是都存在为资本主义国家推卸生态治理责任的嫌疑。在资本逻辑和资本主义制度的大背景下，影响了人们对现实社会的关注。正如"深绿"在"德治主义"治理观下，否定了"浅绿"的人类中心主义价值观，否定了其"多中心论"与"技术主义"的治理体系，认为借助严格的环境政策可以解决生态危机。西方虽有一定的反思，也仅仅是停留在精神层面上，缺乏相关的实际行动。在当今环境下，为了避免以上两种片面的治理方式，亟须总结我国绿色发展理论的历史进程，向"全绿"发展理念的转变。

绿色发展理念作为文明反思的产物，吸收了人类文明史长河中的优秀果实。改革开放后，针对社会发展的新危机，提出了绿色经济、生态安全、环保法制等思想。近年国家层面多次强调核心观点——"人与自然是生命共同体"。有人认为"绿色"＝植物＝农产品，或者简单地将绿色生产等同于农业生产。其实不然，"绿色"作为"新发展理念"的重要内容之一，对它的认识和实践直接关系到我国经济社会发展的全局。所以，绿色发展的基本要求是实现自然物质条件的可持续性，终极目标是达到人与自然的和谐和人的全面发展。必须根据中国文化自身的民族特性，如我国的经济发展、文化理念、价值观念与公众心理等，创立属于中国的生态话语体系，中国的生态更应该得到全民的关注与参与。

绿色发展理念本质上是一种认识，指导着人们的社会实践活动。马克思、恩格斯虽未明确提及绿色发展概念，但其著作中关于人类与自然界关系的论证，也已深刻呈现了绿色发展的内涵。人类与自然界之间不是单纯的改造与被改造的关系、征服与被征服的关系，而应是和谐相生的平等关系，是一个有机统一的系统。其生态思想是绿色发展理念的重要哲学基础，是关于"人与自然"关系的科学思想，人类是自然界漫长演化的产物，具有自然属性，是自然界的一部分。实践是人与自然产生关系的桥梁与中介，这种特有的存在方式使人类的实践活动必然要利用、改造自然，脱离了自然实践便无法开展。过去生产的预设条件是环境容量的充裕，但现在环境已达到了一个预支节点，各种残酷的现实充分提醒我们要对生态伦理资源有清醒的了解。而可持续性是影响绿色发展的基础性变量，就需要通过向"全绿"发展理念的转变，即改变资源利用方式、改变生产手段，高效地实现经济、社会的可持续发展。

三、循环经济理论

循环经济是一种生态经济，是符合生态经济学规律的生产经营活动。传统的经济模式呈现为一种单向性流动，存在高消高排、资源利用率低的特点。而循环经济模式存在低消低排、资源重复利用率高的特点。循环经济的核心是"资源可循环"，目的是将资源产品和再生资源，形成一个从经济-生态-社会的闭环系统并加以循环，达到合理利用资源的发展模式。循环经济的实现原则，由初始的"3R"原则转换为"5R"的操作原则，即"再思考、减量化、再利用、再循环、再修复"。

从根源上减少废弃物，"物尽其用"，对原料的减量化最大限度地实现零排放。以农业生产体系中的循环模式为例，依据自然资源的时空差异，扩展农业资源利用的深度，构建多层次的立体种养循环模式。农业的外部经济性特征，使得其与生态环境紧密相连，借以维系农业生态系统的动态平衡。

在资源再利用与废弃物可利用价值的扩展中，不存在真正意义上的垃圾，即资源可以被多次使用或以其他方式扩展资源的潜在价值。正如循环经济理论下，清洁生产的核心是杜绝或减少污染物一样，这是可持续发展的必然选择，是从源头、过程解决环境污染的根本途径，也是循环经济的载体。但我国农业长期依赖生产要素的投入，粗放型的农业生产方式使农业有机废弃物的资源化使用不充分，较难转变以往经济发展中"粗放生产-浪费荒置"的形式。

在"3R"原则基础上增加的"2R"，则有助于深化循环经济发展的融合度，在生态环境承载能力的范围内，从初始的区域资源优化配置到环境再修复，形成一套系统性的解决方案。一以贯之的循环生产消费思想会逐渐影响人们，依托全社会的积极参与，让人们意识到保护自然环境就是创造财富，资源环境就是生态资产的价值化和市场化，不再单方面追求 GDP 的增长。

四、诱导的创新理论

奥地利经济学家熊 J. A. 彼特（J. A. Schumpeter），最早对创新的定义是建立一种新的生产函数，即企业家要重新组合新的生产要素，认为"创新"是发展的实质和根本现象。同时，他认为创新是最具破坏力的，因为创新除了带来生产力的提高和工具的革新，还造成对旧资本的破坏，即抛弃旧的生产方式、组织方式，熊彼特将其称为"创造性破坏"。他认为，资本主义经济引起的经济增长和迅猛发展，主要依靠内部的力量，也就是创新。在其著作《经济发展理论》中，曾提到将生产要素和生产条件重新组合引入生产体系。其中的创新类型就包括了产品创新、生产技术创新、市场创新、材料创新和组织管理创新五种。在当下，创新也逐渐被认为是信息技术推动下的技术翻新与应用革新。

受限于资本投资的双面性，更多关注于经济效益的提高，投资初期可以产生效用，创造繁荣。投资过程结束后，就会扩大社会供给，变成新增生产能力。长此以往，如果出口和消费得不到增长，就会形成大范围的过剩产能，出现生产过剩的风险。从社会生产力上考虑，生产函数中的社会生产效率（A）涵盖了科技创新和制度（改革）。在农业绿色生产中，就需要在制度上实行绿色新政运动，技术上进行绿色技术创新。其中，绿色技术创新主要包括三种方式：市场消费的"拉"（引导消费者消费绿色产品）、绿色技术创新的"推"（技术人员的推广传播）、二者结合的"推拉"模式进行双力驱动。对于模式中存在的风险和不确定性，还需要配合制度的创新。在制度的保障下，通过市场绿色消费的引导，带动绿色技术的研发生产，如农业生产中的生物农药、植保技术和生物创新技术等。诱导创新理论就发挥了重要的作用，使一国财富得到持续增长。

进入 21 世纪，我们现在需要的不只是 GDP 增长，而是绿色 GDP 的增长。通过绿色制度与绿色技术的创新，将农业生产的全过程导向绿色。同时，转变经济增长方式有很多，但根本要点是将经济发展的重心转到依靠内需上来，而扩大内需的关键就是继续推行管理技术创新的政策、协调社会的利益关系与社会结构，以农业产出为例，通过增加投入和劳动力数量已经不合时宜，农业现代化生产借助机械技术提高了生产率，降低了昂贵的人力成本，新农人的培养也在逐步提高劳动者素质。对我国来说，还应继续适应社会变革和社会进步，增强自主创新能力，辅之以传统思想中的物质循环思想，努力将"绿水青山"的环境优势转化为建设"金山银山"的现实生产力。

五、工具理性与价值理性

从实践角度看，工具理性极易被盲目地无限制放大，对人类的生存与发展构成了威胁，忽视了人与自然关系的和谐状态。从理论角度看，工具理性与价值理性之间通过实践产生联系，存在共性与个性之分。工具理性是人类在改造自然的实践中产生的，可以表示为"是什么"；价值理性是人类改造社会和人本身的过程中出现的，可以表示为"'是什么'怎样才更好"。

人类文明的成果与科技的发展密切相关，现代西方社会因对科学技术的重视而得到飞速发展。科技作为生产力的核心要素，大大加强了人们控制和改造自然的能力。但是在铸就丰富的物质基础、满足人类物欲的同时，也给西方社会带来了工业文明的病痛，如生态环境的破坏和人性的异化，使人们对未来产生了无限的恐惧与担忧。工业文明时期，人类对自然的过度开发与利用造成了严峻的生态问题，其实质是人类实践能力和性质的差异。恩格斯曾指出："我们不要过分陶醉于我们人类对自然界的胜利。对于每一次这样的胜利，自然界都对我们进行报复。"而工业文明的实质是资本对人和自然的双重压迫与剥夺，其盲目逐利的行为最终导致了人类世界和自然世界的双重异化。其中就蕴含了一些显著的表征：第一，现代科技影响着社会发展和经济增长的多方面。其社会作用是双重的，会导致人与物的异化。一方面，带来的社会财富满足了人对物质的欲望，却产生了享乐主义、拜金主义等个人主义的表现；另一方面，价值观作为人类精神的核心，会不同程度地反映到人的发展要求上。第二，打破了原有的利益平衡。就是资本对人的盘剥（人与人的异化），还带来一系列伦理道德问题，如转基因农产品、基因编辑等问题。

值得注意的是，许多西方学者正希望通过解决工具理性和价值理性的问题来克服社会的重重危机，拯救人的"存在"。西方学界广泛关注了现代化造成的深层次影响，认为工具理性的直接行为效应就是获利欲望的增强，它是从属于某个特定利益主体的理性。胡塞尔认为，在工具理性的主宰下，技术发展压制了人的本性，人们片面追求物质的享受，导致一些主观色彩的价值问题受到了拒斥，认为欧洲社会的危机本质上是科学危机与理性危机。法兰克福学派揭示了工具理性对现代西方社会造成的影响，并主张用批判的眼光来对资本主义进行文化批判。阿多尔诺认为，工具理性很少关心目的本身是否合理，只关心实现目的的手段是否有效。霍克海默认为技术手段的进步，使人类被科学奴役，痛苦加深。马尔库塞认为，纯科学并不规定任何实践目的，可是科学仍在为人的更有效的统治自然而提供工具。虽然他只是站在人性论的基础上进行的批判，并非实质性的纠正，他希望建立一种新的理性，在科学当中融入价值和艺术，能够来克服技术理性过于强大的局面。

对外在自然环境的破坏，使整个社会呈现为一种畸形发展的状态。人们通过合理的手段对自然、生态进行利用、修复和保护，使科技与生态保护之间形成了良性、和谐的关系。价值理性是基于工具理性存在的存在，并不是工具理性的独立面。可以说，无论是绿色经济还是绿色发展，都需要经历逐步发展的过程，即需要经历"浅绿""深绿"和"全绿"的过程。我们必须从本国的具体国情出发，全面地看待问题，使其与价值理性相适应，趋利避害，防止出现矫枉过正的现象。

第二节　促进我国农业绿色生产有效治理的思考

一、农业绿色生产的价值观变革

（一）树立农业生态价值理念

生态价值是哲学上"价值一般"的特殊体现。农业除了产生经济效益，还有生态价值。农业的生态价值多体现在生产活动行为对于整个生态系统的健康。当生产方式与意识形态的落后相重合，就会使我们陷入西方曾经历的"灰色文明"而无法自拔。所以，务必在生产生活过程中考虑生态系统，要提倡绿色生产的行为方式，借助合理的价值进行引领，实现社会发展中的生态正义，才能保障自然资源分配的代际公平、代内公平。

生态环境是公共性的，存在非排他性，每个人都具有不投入就享受的权利。但生态效益的产生需要投入一定的成本，产出的生态价值却是所有人共享的，投入者也无法将其他受众排除在公共资源之外，所有人都可以免费地享受良好的公共环境和丰厚的社会福利。正如在现实生活中，总有人混迹在公共环境中享受他人投入带来的劳动成果，这些受益者不仅没有为此承担成本，还搭了投入者的"便车"。从整体上看，似乎选择做一个享受者是最优解。可长此以往就无法达到资源分配的理想状态，只会进入帕累托最低的"死循环"状态。如果受益者本身又造成了某种恶劣行径，又不必为此付出任何代价的话，这所造成负外部性就会使投入者或整个社会受损，造成外部负经济。

严峻的形势使理论工作者想起哲学、道德等力量对人类社会的影响。由于这世界不是可以私己的综合形成物，任何人都可以进入客体的世界"单纯自然"。正如，胡塞尔的主体间性是一种主体性，但不只是单一自我的主体性，而是全部自我的主体性。这也就意味着还会具有综合性、普遍性、社会性、人类性、全体性、联结性、世界性，等等。从实践论角度看，这也是一位哲人在现实之外以理性的睿智看待现实危机的特别方式，包括对社会危机、生存危机、科学危机、信念危机等进行的忧患性沉思。

在价值观变革方面，政府通过实施绿色新政，使生产者对应绿色生产，消费者对应绿色消费。第一，提高农民开展绿色生产的主动性，即增强生态自觉性。应当保障农民作为"参与者"的身份融入农业绿色生产中，引导和鼓励农民对绿色生产的监督，并培养其对生态诉求的理性表达，需要怀有危机意识，即留得青山在，才能有柴烧。第二，借助宣传提高农产品的质量和安全意识。让消费者提升对绿色农产品的信任感，并减少某些不必要的消费和污染，使人民群众的积极性和创造性被激发出来，每个人都将成为农业绿色生产的积极实践者。因为提倡绿色消费不仅是为了我们自身，更是为了后代人的健康和安全。同时，强化大众的粮食安全教育，普及节约粮食，反对食物浪费，更是弘扬了中华民族传统美德。许多问题的产生是因为人类行为问题，而不是环境本身的问题。人类是高级生产者，同时也是最恶劣的破坏者，就需要反思自身的行为过程。比如，借助某地因残毒超标而影响农产品出口进而影响收入的现实范例，达到引导与宣传的效果。

（二）有效处理工具理性与价值理性的关系

对于现实中人的发展来说，未来的任意一种发展状态的前提，都是当下要活下来（生存）。每一次科学技术的巨大进步，都会引发各领域的深刻变革。正如现代化因素在农业生产中的应用，有效地节省了人力成本，提升农作物的产量，满足了人们的实际需求。再如农业种植中的生物技术应用，杂交水稻的产生大幅提升了粮食产量，保障了粮食安全，可部分转基因食品的安全性问题一直是社会讨论的焦点。换句话说，某种技术的广泛应用，必须辅之以积极有效的培训和引导，除了提升使用者和推广者的认知水平，科学地应用现代化技术，还需要人们客观与合理的评价。

因此，"物极必反"在这里同样适用，工具理性是一种特殊的实践理性，当其发展超过价值理性，二者发展就会产生失衡，出现工具理性日益凸显，而价值理性裹足不前的状态。正如德国社会学家马克斯·韦伯（Max Weber）最先提出"合理性"这个概念，意为在工具理性的支撑下，价值理性可以避免因愚昧而带来的不幸。同样，作为一种为达到某种实践目的的工具，其产生的正负效应始终受人的操控，根源于人的价值理性。在本质上，二者一同组成了人类认识与改造世界的理性天平。正如，法兰克福学派学者赫伯特·马尔库塞（Herbert Marcuse）认为，与理性结合的技术是带有当代社会形态的理性，但当代的技术已经失去了它的"中立性"。M. 马克斯·霍克海默（M. Max Horkheimer）认为理性的工具化使人们放弃了对人生价值的追求，导致人思维方式、行动方式的自主性降低，即人的异化（人的物化），就侧重论述了价值理性对人发展的价值与意义。

从科学的原则上分析，应将工具理性与价值理性进行调试，辩证地认识工具理性。正如科学是发现，科学精神是求真；技术是发明，技术精神是求效，即能够合理地解决问题，其中融入的人文科学精神（哲学）即为求善。绿色生产就属于解决实际问题的技术。所以，在有效治理中，科学应该为求真和求善的统一。技术应该为求效和求善的结合，即求稳。

工具理性是根植于人与自然辩证关系之间的实践理性形式，就要使其与价值理性处在合理张力的范围内，加以合理的引导和沟通，避免因二者背离造成的人与自然关系的紧张。以种植为例，其中的相互关系就是"牵一发而动全身"，这个"全身"就是农业生态系统。一边受自然生态系统内部的调控机制，一边受社会经济下的人类调节控制影响。在我国国情的现实背景下，应该积极利用农业的优势条件，合理利用土地，不断提升粮食的综合生产能力，考虑到农业生产的长远利益与目标。

（三）提升保护生态环境的自觉性

就如"完整的人"的生成问题贯穿于马克思实践人学一样。在社会历史发展的最高阶段，人的发展最终指向是成为"完整的人"，不再是身体的局部，而是身体、心理、智能、行为等的完整性。而对资源环境的有效保护是人与自然永续发展的必然选择。目前，人力资源现已成为社会物质生产的第一资源，早在20世纪80年代，西方国家开始了创办绿色大学的高潮，开展环境教育，为环境保护培养专门人才，提高人口质量。生态价值是公众价值，当个人利益与公众利益进行权衡时，价值的一端容易偏向于个人利益。因为人是理性的人，当个人利益与公众利益发生冲突时，个人容易偏向有利于自己的一方。可如何在保护自己利益的同时，不损害公共利益才是价值导向的自觉行动，而且同时期产生的生态价值，还可以由社会共享，而不具有排他性。

根据外部性理论，如果在日常生活中存在意愿与行为的背离，社会整体的努力都将"力倍功半"。为了避免"搭便车"现象，应该明确保护是一种责任，需要被激励、被影响，需要事前的自觉性。负责任的环境行为，存在内部和外部因素的共同影响，除了会受外界环境影响，就取决于公众自身的心理因素。比如，农户作为农产品的生产者，一旦在生产中养成某种保护环境的行为习惯，将这种习惯型农业绿色生产行为辅之以先进的科学技术水平，就会达到"事半功倍"的效果。从根本上看，并非公众不具有保护环境的意识，实际上是在资本逻辑的影响下，在权衡效益与生产之间的关系

公众的自觉性绝不是完全"管"出来的。合理合法的村规民约，也是一把衡量人们行为规范的尺子。大众的心理极易受社会环境和地理区位的影响，比如，靠近城市地区的农村，交通较便利，思想较开阔，受文化传承的观念影响较小。同样，还应采用更多样化的沟通和教育方法，利用正向激励，提高农民整体素质。运用多种途径激发百姓增收致富的意愿（或先富带后富），提升农民的核心竞争能力。如果因生产规模限制了产出效益，就会影响农户对先进科学技术的采用意愿与保护环境的责任感。

农民是农业发展的主力，及时沟通民意，能够充分尊重农民的主体地位。还有利于相关部门做出符合不同类型农民的需要和获取绿色投入品的途径，降低农户盲目种植的可能性，积极有效地投入绿色生产实践和科学健康的粮食生产环节。在现代农业建设引领下，农民就能够科学合理地施用化肥和农药，增产创收，增强脱贫地区自我发展能力。另外，加强公众对环境质量和食品安全的广泛认识，既是更好的监督，也是有利于社会的集体性合作行为。

二、完善农业绿色生产体系

农业生产中，现代农业要素代替了传统农业要素，但并不意味着不再更换新设备和学习新技术。每次新生产要素的产生，都需要知识与技能的补充。农民如何更好地实现高生产力、高资源利用效率和低环境风险，并权衡好这些因素之间不可避免的矛盾，就需要生产要素供给者和需求者之间进行权衡，避免受制于可用的有限技术条件。

（一）创新农业技术推广与传播模式

在时代发展与农业经济增长的背景下，我国不断加快了现代化农业进程，使新型技术

手段在农业生产工作过程中的应用产生了非常重要的意义。同时，对农业整体发展中绿色环保生产也提出了更高的要求。绿色植保技术就是农业绿色生产实践形态，是能够与生态自然友好相处的一种植保技术或手段。

1. 加大绿色技术推广的宣传力度

绿色健康的农产品是每一位消费者的需求，根据调查研究表明，在无公害的土地上健康产出的农作物更具有市场竞争力。农业生产过程会不可避免地产生污染，绿色种植是农作物生产的关键一环，植保人员可以有效地运用植保技术监测农业环境，使用植保技术进行检测与预防，进行及时的抑制与救治。利用农业绿色技术，能够减少农作物中农药残留量，有效地降低污染，对污染可量可控，提升农产品的安全性。

农民作为农产品的生产者，是把现代科学技术转化为现实生产力的推手，也必须是科学技术的拥有者。鼓励农户应用绿色生产技术与测土配方技术，在生产经营中达到节水、减药。但单一的技术宣传手段，不足以支持技术的推广。传播农业推广是一个动态过程，必须重视和挖掘农业职业教育的潜能，根据农民的需要将有用的信息传递给他们，在农民教育与培训方面充分发挥农技相关院校的优势，帮助他们获得必要的知识与技能。通过培育真才实干的"新农人"，使之成为一种主动选择的"新职业"，相比传统农民的被动身份，是人们更人性化的选择，以确保我国农产品有效供给。因此，加强对农民的技术培训，提高农民综合素质，也是当前农业推广的重点。

2. 完善农业绿色科技推广机制

技术具有适用性，在现有生产条件下，大多数农户会首先考虑是否有必要采用新技术。而农户选择一项技术的最基本条件是考虑农业技术的生产供给系统能否带来收益。农民能否选择参与推广新技术，在于新技术能否带来的高效益。农业推广在农业发展中具有重要的作用，需要一个有效的农业知识和创新系统，以及通过"中间人"（技术人员）的建议、培训和获取技术来改变农民行为的能力。

正如边缘效应在生态系统的交互中会因某些生态因子产生系统内部行为的变化等，对于技术推广使用的优点及效果，需要技术人员耐心地示范与讲解具体设备的操作方法，提高农户的综合素质能力，分门别类地进行指导培训，进行切实有效的帮助。培训应更好地体现实操性，定期组织到典型示范基地参观学习，把理论学习与观摩实践结合起来，进一步提高参训技术人员的理论水平和实操能力，为今后的绿色植保工作提供有力的技术保障。打造农业植保技术经理，为农民提供安全高效的精准农药，给予作物科学合理的植保技术。使当地的农民明确地了解到农作物的生长规律和各种病虫害的详细信息，并及时采取抑制方法，避免过度地使用农药而造成环境风险。但培训方式也应根据农场规模、管理类型和种植制度加以区分，不应泛泛而谈。

整合与规范相关农业资源，以现代农业发展的新趋势"互联网+农业"的融合发展为导向，搭建惠农的互联网云平台。基于更加先进的大数据分析，应对外来物种与农业疫病的侵害时，可以有效地阻挡病虫害的繁殖与农业疫病的传播，对农业产业的发展起到重要的推动作用。借助数字平台建立合理的农业技术扩散机制、激励机制和利益调节机制。通过加强引导新型农业经营主体发展，将责权利结合起来，实施农机保护性耕作，风险共担的约束机制。特别是在企业+农户经营模式下，加入"科技特派员"推广绿色植保的相关技术服务，让其成为扶持小农户和现代农业有机衔接、社会化服务组织体系建设的助推器，最终对农户获取农业绿色生产技术产生重要影响。

3. 推广绿色植保技术

农业生态系统是一个以农业生产为主要目标的系统，农业科学技术在现代农业生产中的地位越来越显著。绿色植保技术作为大农学的一个重要分支，是农业产业发展中起主导作用的技术，主要目的是保护农作物正常生产，保证农作物远离病虫害的威胁，最终通过技术手段保证粮食产量。绿色植保的两大特征是技术性与强制性。当下农业发展的大方向是农业生产技术的科学化，绿色植保的技术性特征就体现在绿色植保技术的实施过程，科学式的技术应用是降低农作物被污染比、科学生产的重要保障。绿色植保的强制性体现在它是农业持续稳定发展的必要条件，技术的引入能够改良整个大农业的风气，有效减少环境污染。在实施过程中要求使用低毒低害的农药化肥，多种措施的合理设计应用。

近年来，绿色植保技术快速推进，生物防治、规避技术等系列绿色植保防治在保障农业安全生产和农业生态环境安全上做出了重大贡献。正如，我国粮食亩产保持世界领先水平，就离不开植物保护。在种植和销售阶段，因地制宜，加强适合当地农业生产的种子宣传工作。定期指派农技专家下乡指导解决种子种植养护的难题，完善抗性品种的不足。以水稻病虫害的"绿色卫士"为例，该装置作为新款蛾类诱捕装置可以通过内部混有植物芳香类物质的诱芯，散发气味诱捕水稻中的稻纵卷叶螟，以诱杀害虫来守护农田，是一项使用方法简单农药减量的防治方法，达到了非化学防控技术下成本低无毒无害，使绿色植保技术在农业生产中具有较好的使用效果。

基于对农业绿色生产技术需求，采取绿色植物保护的方法和措施可以最大限度地提高农业生产的质量与效率，发挥技术所具备的优势。其实质是用生态科学的方法种植和开发，根本上保障绿色农产品的种植，以充分提高该项技术的利用水平。我国的绿色植保技术主要包括农业的生态防治、生物防治、物理机械防治以及生态用药等方面。

（二）提升绿色技术转化率助力农业生产

农业农村部为支撑农业绿色发展，特发布了《农业绿色发展技术导则（2018—2030年）》。各地区农业发展的基本情况不同，农业生产工作的方案应根据各地区具体情况制定科学、系统的应用策略。农业人才是农业绿色发展的根本，农业科技人才培养政策就是农业生产的内在推动力，更是促进一个国家或地区农业生产能力的关键与核心。农业科学技术在现代农业中的地位越来越显著，把现代科学技术转化为现实生产力的推手，使农户成为科学技术的拥有者。

1. 鼓励产学研的一体化融合

创建专业的植保技术部门，培养"三高"人才提高产后技术研发的水平。产学研合作推进生态技术创新进程，有利于推进统防统治与绿色防控融合，是农业绿色创新动力机制的具体路径。考虑到资源环境承载力，发挥好人才、科技、资本三要素，需要科技自立自强。

第一，在研发阶段，鼓励创新，加强资金投入和政策的倾斜，鼓励产学研的一体化，一定程度上保障科研项目立项的合理性。在中国，高校与科研院是从事知识创新、科学研究及知识传播的主体。比如，"一号文件"提出，加快实施农业生物育种的重大科技项目和领域内知识产权保护。第二，科研人员应用各种培育手段，提高品种培育的高效率，加强农科教企协作，以解决生产实际问题为导向，提高农业推广人员综合素质。新型农作物种植技术的研发是一个需要坚持长期的发展过程。第三，联合国内具有研发能力的企业、院校，不断与行业内专家、种地能手探讨学习，为农业创新和富有前景的新技术提供支持。相关不断扩充产品和服务，陆续提供优质资源生物技术、植物保护、种子应用技术和数字化农业等领域的全面而系统的解决方案。第四，创新农业绿色发展政策。借鉴美国"三位一体"体系，进一步提升科研、推广和应用的一体化。转变科研模式，针对目前有关农业绿色发展的关键技术问题进行项目支撑，特别是根据在资源利用上要"精益化"、生产过程中要"生物链化"的闭合系统原理。

我国大部分农民在现代农业生产方面没有接受过系统、专业的技术培训。在促进农业工程技术创新、培养农业现代化建设急需人才等方面，政府应明确学科人才培养的重要作用。尽管部分农民有能力购入植保设备，但没有相关专业的技术人员的帮助，对于具体植保技术与设备就形同虚设。除了无法进行高效的种植与防御，还易造成农产品的质量问题。农业工程技术是农业工程基础科学与农业产业的桥梁，也是建设社会主义新农村和发展现代农业最关键的科学技术领域之一，可以为种植者提供先进的植保技术和更好的选择方案。

2. 实施作物绿色生产效益提升工程

目前，基于技术转化视角，高新农业技术、环境友善型农业技术的推广与应用，对农业产生深远影响。但易受整体科技因素影响，需要充分适应生物物理、农业系统和社会经济的知识与实践。简单地说，农业绿色生产的相关研究是趋向于多学科研究围绕在同一个主题，即多对一的关系。比如，种质资源的供给问题，也需要较长的时间去农业实践，强化基础前沿。

从某种意义上说，农业现代化过程就是农业商品化过程。提高科学种养水平，才能逐步实现农业现代化的综合管理。发展现代农业就需要一个成果转化的公共服务平台，把农业变为商品化、市场化的农业，从而不断提高农业商品率。有关部门持续组织实施产地环境保护和治理、绿色生产技术示范和推广、从业人员培训和品牌创建等绿色生产效益提升工程；建立区域绿色生产技术培训中心，实行绿色生产合格证制度；创建农产品区域绿色品牌，确保优质优价；培育绿色生产投入品供应、生产管理、产后处理和市场营销等完整规范的产业链，从内生和外生两个方面来完善，建设好金融、信息、技术、生产、采后等完整的绿色生产服务体系。

农业绿色技术创新是推动农业可持续发展与模式转型的主要支撑，就要牢固树立"科学植保、公共植保、绿色植保"的理念。其理念的建立是为了更好地促进农业生产的绿色发展。强化绿色生产技术创新，时刻注意科技成果转化后的跟踪服务，围绕"控、替、精、统"的技术路线。追求"量质并重"的生产经营理念，实现提质增收，既利于解决好本国的粮食问题，也是对世界一个最大的贡献。

（三）健全可持续农业供应链

农业现代化，种子是基础，必须把民族种业搞上去，把种业安全提升到关系国家安全的战略高度。

1. 全产业链完善现代农业

目前，世界各国都将种子科技研究与种子产业发展放在促进农业健康有序发展的首位。完善抗性品种的不足，对实现绿色投入品的有效供给，向着节本增效、环境友好目标发展具有重要的意义。

以种子为起点形成一套产业链：种子、种植业、农产品加工贸易及其他衍生品。但转基因种子无法自行留种，农民每年都要支付种子费用和专利费用。相关销售假劣种子产品的犯罪活动，使农业生产遭受损失。在 2021 年 2 月 18 日，农业农村部曾发布通知，明确鼓励农业转基因生物的原始创新和高水平研发。2021年8月12日，国家发展改革委、农业农村部联合印发《"十四五"现代种业提升工程建设规划》，对"十四五"我国种业基础设施建设布局做出全面部署安排，为加快推进种业振兴，实现种业科技自立自强、种源自主可控提供了支撑。目前，我国种子生产基地主要为三大播制种区，辽宁、河北、内蒙古正积极应用优质高效、适应性广的优质品种，积极应用植物农药，推广应用先进的农用机械，提高农作物产量，提高农产品质量安全水平。

全链条管控，减少粮食浪费，开源与节流并重。联合国粮农组织统计显示，从生产到销售的整个环节中，每年损失的粮食约占世界粮食产量的14%，这个数量是7000多万人一年的口粮。所以，在保障粮食安全的路上，"戒奢以俭"的价值观念必不可少，节约是永不过时的美德。做好配套链接，在储存和运输阶段，要完善基础设施，建立一些智能化的仓储基地，运输过程中减少产生浪费现象。提升农产品加工制造水平，储存运输环节不浪费，遏制餐饮浪费等，全环节形成全套节粮保粮、节约减损的闭环。

2. 多种防治措施综合使用

在农业生产方面，不同区域的农民对生产调整会有不同的应对策略，借鉴传统的农业实践也未必是落后的。结合农业生态系统的可持续性操作，如堆肥、覆盖种植、间作等方式。而在技术水平提高的时代，在植物保护方面还应施行综合性病虫害防治法。综合运用各种有效可行的防治措施，从保护植物的根部或种畜的生长环境做起，并充分利用自然制衡的力量，例如，利用生物或微生物制剂来替代化学药剂，以生物技术生产抗病、抗虫、耐环境的品种，采用天敌、自然农药或植物相克现象等生物防治方法，利用电脑模拟程式预测病虫害的发生，维持高度的生物歧异性以确保有害生物之食物来源，建立生物种源库以保生物资源，以及强化法规防治以杜绝外来病虫害之入侵，等等。

通过绿色技术创新，实现农作物病虫害有效防控，促进农作物安全生产，应注重多种防治方法的综合使用，将生物防治技术、生态防治技术和低毒高效使用农药结合起来。比如，水肥药一体化，可以减少化肥农业使用量，保障食品安全，是和我们生产生活息息相关的生产技术。在相关技术上需要进一步地开发应用，首先要由当地的农业技术部门以及农业资源技术的管理部门对应用效果进行跟踪。在有关部门监督下，打破作物绿色生产科技创新项目设计的短期行为，做好配套服务工作。破除过于关注新概念的浮夸作风，设立稳定的专项，长期支持绿色生产技术创新，确保绿色生产水平不断提升。

三、健全农业绿色生产政策体系

在任何历史条件下，法律规章都是对人类行为约束的客观律令，只有在行为上的有度有节，才会保持有序的行为活动。可当眼前的经济利益与保护环境发生冲突，人难以在观念意识中达到自律时，法律规章的约束就显得格外重要。政策调控及财政支持成为农业绿色生产的基础，既是农业可持续性的重要保障，又是提质增效的关键。

（一）完善农业生产相关补偿制度

合理的补偿是激励农业绿色生产行为，带动共享生态福利的重要手段。那就需要科学回答农业生态补偿"为什么补"及"补什么"等核心问题。

一些国家在提升粮食生产能力与减贫的政策方面存在着内在关联，农业的支持政策也成为保障粮食安全的根本方法。我国通过相关生产支持补贴措施包括粮食生产、农业投入的一般补贴、粮食直接补贴、良种补贴、农业机械购买补贴、信贷、最低粮食购买价格、来支持临时存储和农业保险补贴、土地整合、土壤保护和改善等。正是因为促进农业生产相关政策的长期执行，才更好地保障了我国口粮绝对安全，主粮基本实现自给，保障了农民种粮有钱赚。

在绿色发展的大背景下，还需要准确测度补偿的标准，制度安排必须服务于当地特定要求，如重新界定农业生态补偿的内涵、厘清补偿定价的思路和依据。在农业生产中，部分农民因缺少购买现代技术要素的基础资金，难以使农业现代化种植顺利推进，难以适应农业生产方式绿色转型。这就需要通过取消各种政策壁垒和门槛，对农业生产结构的调整，为生产脱钩的生产者提供支持。在高生态质量和价值地区的保护，可以利用战略性的奖励支付方案（生态补偿补贴）进行管理，在最敏感的环境地区存在的生产力和环境风险之间不可避免的权衡，该补偿将有助于将集约化农业生产中的土地转化为低强度农业或其他污染物排放风险较低的土地使用。

因为环境对应着大众，环境本身具有外溢性效应，产生的贡献可以公众共享。但在实际生产方面，保护生态环境对个人利益来说收效甚微，需要切实的成本投入作为付出，这就需要对个人的贡献，即投入成本进行补偿。根据科斯定理，明确产权确实是解决该问题的好方法，可是部分生态环境是公共资源，难以对划分明确的界限。为了避免导致投入者无法收回成本，打击积极性，不再加大投入或不投入，就需要相关措施对投入者的投入成本进行保障和补偿。优化要素配置，整合资源，形成相互融通的复合型利益共同体。解决外部性导致的市场效率低下问题的主要途径是将农业生产的正外部性内部化，即通过制度安排将经济主体活动产生的社会效益转化为私人效益。

在 2022 年 2 月 22 日，我国发布了第 19 个指导"三农"工作的中央一号文件，在总文件的第七点提到了关于加大政策保障和体制机制创新力度，在第二十九条提到扩大乡村振兴投入：中央将为地方提供资金保障和预算内投资，相关债券也会用于适宜的公益性项目。在外部通过公共服务网络建设，在内部利用人力资本进行投资，借以提升农民抵御社会风险的能力。

（二）优化农业生态环境监督机制

生态环境和自然资源是公共产品，是自然禀赋的。市场机制具有利益个体性、局部分散性以及信息不对称等局限。比如，某地是生物多样性重点保护地区，在生态安全总体战略中的地位非常重要，就必须通过严格的生态监管生态补偿来保障。

首先，需要对良好农业实践的基本监管，应加大现实与制度的结合。绿色生产是综合性的，针对我国地理的复杂性和农业系统的多样性等问题，政策上也要保持连续性，仍需要对土地流转和调整产权界定进行规范，避免"竭泽而渔"。国家一级已经制定了规范，但需要将这些规范转为省级和地方各级有约束力的法规，避免机构间沟通、数据共享和协调的薄弱。特别是在信息沟通机制方面，还需要更密切的机构间工作，针对不同需求和各地特点，改善各级的沟通和数据共享，以提供新的建议，克服职能部门和专门化造成的协调障碍。使信息在各级、组织、利益攸关方和更广泛的公众之间流动，以促进共享理解、改善干预措施、减少冲突、获得支持和协调行动，达到数据间实现共建共享、协同管理。

其次，需要整顿规范市场顺序和有效的监测和执行手段。通过与任何特定地点或地区的农业社区的参与来加强，为破解农业发展难题助力，推动农业进步。大机器、高科技逐渐应用于农业生产实践，传统的小农生产方式将不能满足大生产的需求。而在此阶段中，农业机械化使农村产生大量剩余劳动力，一部分农村居民的被剥夺和被驱逐，不仅为工业资本游离出工人及其生活资料和劳动材料，同时也建立了国内市场。这就需要通过各机构和农业社区之间的跨规模、跨层次和跨部门的协作和协调，可以自适应地制定和执行适合当地情况的补充政策。

最后，应坚持先论证后引进。在项目引进过程中，还须严把新项目审批关口，引进有利于产业结构调整和致富的农产品深加工项目，防止引进重度污染企业对资源环境造成破坏。碳汇交易同样是生态功能价值实现的重要途径，就需要对于具备条件的地区开展试点。在政府引导，社会各界的积极参与下，探索碳汇产品价值实现机制。利用农业领域的支持政策，也是推动农业生态环境监督的方法之一。在应用研究上需要进行投资，以建立一个可访问的知识库。这个知识库必须包括公众参与的方法，通过农场 bmp 的设计和成本计算，以及生态补偿的制度机制的设计。

（三）制定农业绿色生产法规体系

调整片面强调增产的农业支持政策，应时代需求和危机挑战，进一步加强我国农业实现绿色发展的能力。通过调整相关扶持政策，促进农业环境保护，实现农业生产的绿色可持续发展，推进农业支持政策向环保导向转型。在人类历史进程中，管理人类对自然的规制也有着悠久的历史。

一是生产资料标准化，即农业生产地，包括种子、化肥等农用物资，都应符合"绿色生产"标准，即合理制定生产经营规模的下限；二是生产加工标准化，整个生产过程中的各个环节都要符合"绿色"标准，引导土地有序流转，保障收益从绿色发展、维护生态平衡的高度，去保证可持续的农业食品安全性和广泛的社会性。环境的安全与产品的安全，在"土地到餐桌"全过程中，以技术标准为核心，进行质量控制和两端检测，形成全生产过程的管理技术标准体系。政府应加强和完善农业绿色生产体系，通过激励政策而不是监管和惩罚机制来引导和规范农民的农业绿色生产行为。农业绿色发展（AGD）要求农业从高资源消耗和环境成本向高生产率、高资源利用效率、低环境风险的可持续集约化转变。构建绿色认证、监管、服务全产业链管控，健全对目标责任的评价考核体系。开展作物绿色生产，需要建立严格的管控体系，实施作物绿色生产网格化服务和监管，以村或合作社、企业、家庭农场为单位，实行产地环境认证和全程生产的有效服务和监管。

亟须突破发展瓶颈，实现可持续发展。我国在推进现代化农业中具有一定的优势，也存在着一定的劣势，其后发劣势就体现在对传统模式的路径依赖与路径锁定，这种惯性会导致发展进程相对迟缓，转型困难。特别是在农业绿色生产中，需要坚持因地制宜的基本原则，正确处理人类实践与自然价值的相互关系。同时，还须借鉴部分先行国家的经验，协调统筹，结合自身农业生态系统的特点和规律，合理地调整现代农业发展战略，凭借科技革命成果助力可持续发展，以此来规避后发劣势、少走弯路、避免依赖，甚至弯道超车。

第三节　我国典型生态农业模式分析

一、北方"四位一体"模式分析

农村可再生能源高效利用是各个国家面临的重大课题，如何解决这一问题也是许多国家共同关心的。

从目前我国农村能源结构来看，可再生能源占绝大部分，其中最主要的包括生物质能、太阳能、风能等。因此，农村能源不仅和农业生产过程的能量流动有关，而且和物质循环过程有关，农村能源是支持系统平衡的基本物质之一，如作物秸秆、人畜粪尿中的营养成分都是构成土壤生态平衡的基本因素。农村能源资源的不合理开发利用，可直接造成农业生态破坏和不平衡。

农村可再生能源高效利用必须基于大系统的观点，把农村能源的建设与农业生态环境的改善结合起来，贯彻因地制宜、多能互补、多层次利用、经济效益与生态效益并重的原则。"四位一体"工程将为补充农村能源、合理利用自然资源、提高土地生产力、改善生态环境等问题提供有益的借鉴。特别是对于推动菜篮子工程，促进中小城镇农村经济的持续稳定发展，提高农民生活水平，加速城乡社会主义现代化建设进程具有一定的指导意义。

（一）基本模式（基于北方庭院）

所谓"四位一体"是指沼气池、保护地栽培大棚蔬菜、日光温室养猪（禽）及厕所四个因子，合理配置，最终形成以太阳能、沼气为能源，以人畜粪尿为肥源，种植业（蔬菜）、养殖业（猪、鸡）相结合的保护地"四位一体"能源高效利用型复合农业生态工程。

其主要功能特点是：一是解决了农村生活用能（照明、炊事等）；二是猪、鸡增重快，料肉比下降，蛋鸡产蛋增加；三是生产蔬菜不仅产量高而且无污染。该种模式现在在我国北方广为推广。

其循环效能是：一是猪生长快；二是猪粪为沼气产生提供原料，沼气为猪提供热量；三是保证沼气池越冬；四是沼气水、渣为蔬菜提供优质肥料；五是沼气可为民用；六是解决了蔬菜生长中 CO_2 不足的问题。

其模式是"开发了菜园子，满足了菜篮子，丰富了菜盘子"。高度利用能源、高度利用土地资源、高度利用时间资源、高度利用饲料资源、高度利用劳动力资源，经济效益高、社会效益高、生态环境效益高。

（二）模式基本设计和技术参数

1. 场地选择

场地应建在宽敞、背风向阳、没有树木或高大建筑物遮光的地方，一般选择在农户房前。总体宽度 5.5~7m，长度 20~40m，最长不宜超过 60m，一般面积为 80~200m^2。工程的方位坐北朝南，东西延长，如果受限制可偏西，但不能超过 15°。对面积较小的农户，可将猪舍建在日光温室北面，在工程的一端建 15~20m² 猪舍和厕所（1m²），地下建 8~10m³ 沼气池，沼气池距农舍灶房一般不超过 15m，做到沼气池、厕所、猪舍和日光温室相连接。

2. 沼气池建设

为了提高沼气池冬季的温度，修建的沼气池必须居工程中间，防止冬季外围冰冻层侵袭，避免降低池温。

（1）沼气池池型结构

沼气池是由发酵间、水压间、贮气间、进料口、出料口、活动盖、导气管等部分组成。进料口和进料管分别设在猪禽舍的地面和地下，进料口、出料口及池盖中心点位置均在工程宽度的中心线上。为了便于日光温室蔬菜施肥和出料口释放二氧化碳，把出料间（水压间）建在日光温室内。

（2）沼气池的发酵工艺

沼气池投料为半连续投料发酵方法，这种发酵方法兼顾了生产沼气和用肥的需要，具有很好的综合效益。

（3）沼气池的施工顺序

①定位定点

根据当地的地质水文情况，选择一个土质坚实的地方，以沙壤土为宜。如是黏土或是沙土，则在施工时要采取一些加固措施。

地下水位低的场所为好，如地势低洼，地下水位高，可采取挖渗水井的办法，以保证建池质量。即在池坑挖好后，砌筑之前，将渗水井挖好。渗水井有两种，在地势较高、水位较低的地方，水量小，可直接在沼气池坑底部挖渗水井；在地下水位高、水量大的地方建池，在池外挖渗水井。

选择背风向阳的地方，有利于猪舍的冬季保温，也保证沼气池的产气质量。

选择距旧井、旧窖和树根远一点的地方，防止发生塌方。

离使用场所近些。

②破土施工

定好点后，就可以施工了。具体要求（以 8~10m³ 沼气池为例）：池 1.8m 深；要有排水措施；进料口挖成 45° 斜槽，不用 1.8m 深；池底做成锅底形，并向出料口有小角度倾斜。

土方施工完成后用砖石砌。为了加固池底，在整个池底铺一层 10cm 厚的粗砂浆混凝土（用鸡蛋大小的石块或鹅卵石在池底和出料口铺上 10cm，然后在上面放一层 4：1 砂灰，最后用水浇灌，花 1d 左右时间牢固）。该 10cm 为池底基础。基础打好后，开始用砖砌。先找好沼气池中心位，然后选一块小的砖头，放在中心位置上作为基点，然后用半截砖围绕中心基点向外一圈一圈铺，铺几圈后再用整砖铺，直至整个池底铺满。

池底建好后建池壁。如土质坚实，不用太厚（6cm 厚）；离开原土 3cm（作为沙漏）；每层砌完后，用 4：1 砂灰填平沙漏（坚固作用）；要砌成圆形。

墙砌好后，连同池底再抹一层砂灰起固定作用。同时，砌出料口，包括两侧墙和上拱盖，两侧墙要和池壁墙一起砌起。一般墙厚 12cm（砖横放）。出料口墙和池壁墙间的灰口一定要严实，最好是咬合在一起。出料口墙外侧也要留沙漏。出料口内径一般 50cm 宽即可。两侧墙砌到 6 层砖（40cm 左右）时开始砌上拱盖。

先用土把出料口填平，做成拱形，高度 24cm 左右。压实后继续用砖砌，灰口灌满砂灰。完工后，把土掘出。这样整个出料口总高度 65cm 左右，长度根据猪舍与温室墙厚度及出料口位置而定。

当池壁砌好 2 层砖后，开始砌进料口，约离地面 25cm。将已准备好的两个陶瓷管（30cm×60cm）安在斜槽内，角度 45°～50°，一端延伸到池体内 5～10cm，接口处用水泥抹实。

池壁墙砌 6～8 层后（1m 左右），开始砌池体上盖。先将砖平放砌一圈，以此每一层都向池内压 5cm 左右（每圈缩 5cm），每砌完一层，靠近砖头处用砂灰填实，然后马上用土填满踏实。每一层要形成标准的圆形。上盖砌到直径 40～50cm 时不砌，留活动盖口。用砖头砌成一圈楞，并做成上口大下口小的形状（坡形），形状要圆（可用水泥抹），最好用几根钢筋（或 8 号线）围几圈后再用小砖头或石头块等灌制而成。同时出料口建成与上盖同高。

③池体抹灰

池体砌完后要立即抹灰。第一遍砂灰（2：1）从上盖往下抹。一般上盖处 1.5cm 厚，壁墙 2cm 厚，池底 1.5cm 厚。1～2h 后，打成麻面。隔 1d 抹第二遍砂灰（2：1）；再隔 1d 抹素灰（水泥不加砂和成泥状），厚 0.5cm 左右，然后压光；再隔 1d 涮灰浆（水泥用水调成稀糊状），隔 1d 涮 1 次，涮 3～4 次，甚至更多。整个抹灰过程中都要注意养生，特别拐角处要细心。

④制作活动盖

活动盖的大小根据沼气池上盖上口留的大小而定，形状要正好符合于上口。具体做法是：取一根直径 1.5cm、长 1.5m 以上的无缝钢管，做导气管，可用铁丝缠几圈，加强牢固性。然后在地上挖模型，用混凝土灌制。一般活动盖底面呈凹形，边厚 20cm，中间厚 15cm。可安装 1 个或 2 个把柄。整个活动盖边缘用砂灰或素灰抹圆滑。盖塑料薄膜（农膜）养生。

⑤沼气池的检查

沼气池建好后，能不能用、漏不漏气，在使用前要做一下检查。

检查方法有直接检查法、装水刻记法、水压检查法。这里介绍水压检查的方法。

取一根无色透明胶管（2.5m 左右），做成 U 字形，固定在木板上（一般长 1.3m，宽 20cm）。在管内灌一定量的有色水，水量大约是木板体积的一半，以两个水平面为基点作为压线。从 0 压线开始向上以 1cm 为一个刻度直划出 60cm，每一刻度 1 个水压。表的一端可接气源，另一端水平面指示刻度即为池中气压。

把沼气池活动盖盖上，用黄泥封好。接水压表，这时池内池外气压平衡，水压表指示为 0。

从出料口向池内加水，加到一定高度，池内压力上升，水压表液面变化（右侧上升，左侧下降），右侧水面升高的刻度即为池内气压。加水，达到 50~60 个水压时，停止加水，待水压平衡后，记下刻度，过一段时间再观察压力变化情况，看是否漏水。如果压力有变化，则说明漏水。

（4）料的准备与投料

在建池的同时，要备好加入池内的发酵原料。方法是好氧堆沤，即把草类、作物秸秆等粉碎、铡短，铡成 3cm 的小段，堆放在地面上踏实。浇粪尿水，再加一层石灰水，然后盖上塑料布，使温度达 50~60℃，发酵使秸秆软化，颜色呈棕色或褐色。

秸秆软化后，含水量达 60%，再与马、羊、禽粪等混拌，继续堆沤至温度达 60~70℃（烫手）。

投料比例（参考）：马粪（湿）1000kg，猪粪 1000kg，人厕所粪便 1000kg，鸡粪 250kg，青草 150kg，秸秆 100kg。

经过这样的预处理，可以缩短发酵时间，下池后的发酵原料不易上漂，有利于厌氧发酵。因此产气较快、产气较好。

投料时要把试压时的水全部抽出。加完原料后，再向里面加污水（沼气菌）。加水至沼气池容积的 2/3~3/4 处，留 1/4~1/3 空间做贮气间。要把漂浮在水面上的料搅进水下。完毕把活动盖盖严。

（5）沼气的产生和使用原理

沼气是一种混合气体，无色略带臭味，主要成分是碳氢化合物。

①沼气的产生过程

沼气的产生过程分三个阶段：

第一阶段水解过程：在沼气发酵中首先是发酵性细菌群利用它所分泌的胞外酶、淀粉酶、蛋白酶和脂肪酶等，对有机物进行体外酶解，也就是把畜禽粪便、作物秸秆等大分子有机物分解成能溶于水的单糖、氨基酸、甘油和脂肪酸等小分子化合物的过程。

第二阶段产酸过程：这个阶段是三个细菌群体的联合作用，先由发酵性细菌将水解阶段产生的小分子化合物吸收进细胞内，并将其分解为乙酸、丙酸、丁酸、氢和二氧化碳等，再由产氢产乙酸菌把发酵性细菌产生的丙酸、丁酸转化为产甲烷菌可利用的乙酸、氢和二氧化碳。另外还有耗氢产乙酸菌群，这种细菌群体利用氢和二氧化碳生成乙酸，还能代谢糖类产生乙酸，它们能转变多种有机物为乙酸。

水解阶段和产酸阶段是一个连续过程，通常称之为不产甲烷阶段，它是复杂的有机物转化成沼气的先决条件。在这个过程中，不产甲烷的细菌种类繁多、数量巨大，它们主要的作用是为产甲烷菌提供营养和为产甲烷菌创造适宜的厌氧条件，消除部分毒物。

第三阶段产气过程：在此阶段中，产甲烷细菌群可以分为食氢产甲烷菌和食乙酸菌两大类群，已研究过的就有70多种产甲烷菌。它们利用以上不产甲烷的三种菌群所分解转化的甲酸、乙酸等简单有机物分解成甲烷和二氧化碳等，其中，二氧化碳在氢气的作用下还原成甲烷。这一阶段叫产甲烷阶段，或叫产气阶段。

沼气的产生须创造以下几个条件：沼气池应密闭，保持无氧环境。配料要适当，纤维含量多的原料（秸秆、青草等），其消化速度和产气速度慢，但产气持续期长；纤维少的原料（人、畜粪），其消化速度和产气速度快，但产气持续期短。原料的氮碳比也应适当，一般以1:25为宜。原料的浓度要适当，原料太稀会降低产气量，太浓则使有机酸大量积累，使发酵受阻，原料与加水量的比例以1:1为宜。保持适宜温度，甲烷细菌的适宜温度为20~30℃，当沼气池内温度下降到8℃时，产气量迅速下降。保持池内pH值7~8.5，发酵液过酸时，可加石灰或草木灰中和。为促进细菌的生长、发育和防止池内表面结壳，应经常进行进料、出料和搅拌池底。新建的沼气池，装料前应加入适宜的接种物以丰富发酵菌种。老沼气池的沼液是最理想的接种物，如果周围没有老沼气池，粪坑底脚的黑色沉渣、塘泥、城镇泥沟污水等也都是良好的接种物。

②沼气的使用原理

发酵间内产生的沼气聚集贮存在贮气间内，随着气体增多，贮气间压力增大，压迫液面下降，使右边出料口液面上升，以保证发酵间压力正常。当贮气间内沼气被利用后，贮气间压力下降，液面上升，右边出料口液面下降，保证贮气间内一定的压力。通过这种调节，可以使沼气池不至于压力过大发生爆炸，也不至于因压力过小点不着火。

③沼气的使用

使用沼气之前要先放净不纯的甲烷气。一般每天放一次气，连放 10~15d。这样在投料 20d 左右时就可以使用了。可用四通分别连接气源、水压表、炉具、沼气灯。水压表固定在墙上，为方便，设几个开关。使用前检查一下各接头及开关处有无漏气现象。

（6）沼气肥的使用

主要指沼气渣、沼气水。沼气渣要通过沼气盖口取出，可养鱼、种蘑菇等。沼气水可用来喂猪（营养丰富，无臭味，有芳香味）。渣、水用作农家肥，肥效大、作用强，营养可直接被植物所利用。用时要先稀释，否则会烧死植物。

（7）使用沼气注意事项

注意人畜安全，沼气池的进、出料口要加盖，以防人、畜掉进去造成伤亡。

严禁在沼气池出料口或导气管口点火，以避免引起火灾或造成回火致使池内气体爆炸，破坏沼气池。用气时最好不出料，以防压力小引起火苗倒吸。

经常检查输气管道、开关、接头是否漏气，如果漏气要立即更换或修理，以免发生火灾。不用气时要关好开关。在厨房如嗅到臭鸡蛋味，要开门开窗并切断气源，人也要离去，待室内无味时，再检修漏气部位。

在输气管道最低的位置要安装凝水瓶（积水瓶），防止冷凝水聚集冻冰，堵塞输气管道。

入池出料和维修人员进入沼气池前，先把活动盖和进出料口盖揭开，清除池内料液，敞 1~2d，并向池内鼓风排出残存的沼气，再用鸡、兔等小动物试验。如没有异常现象发生，在池外监护人员的监护下方能入池。入池人员必须系好安全带。如入池后有头晕、发闷的感觉，应立即撤出池外。禁止单人操作。入池操作，可用防爆灯或电筒照明，不要用油灯、火柴或打火机等照明。

做好防水工作，防止雨水等进入池内。加强日常管理，注意防寒保温。

可增设搅拌装置以提高产气量，特别是在低温季节。搅拌可使池内温度均匀，增加微生物与有机物的接触，并防止浮壳的形成，利于气体的释放。搅拌可提高产气率 15% 左右。

3. 猪舍建筑

猪舍的建筑原则，是冬季增温保温，夏季降温。其技术要点有以下方面：

猪舍应建成后坡短、前坡长、起脊式圈舍，东西长度以养猪规模而定，但不小于 4m。

由猪舍后坡顶向南棚脚方向延伸 1m；用木缘搭棚，起避雨遮光的作用。

前坡舍顶与南棚脚之间用竹片搭成拱形支架，在冬季支架上面覆盖薄膜，南面建围墙，北面留人行道。

在猪舍后墙中央距地面 1.3m 处留有 40cm 的通风窗，以便夏季通风。

在日光温室与猪舍间砌筑内山墙，墙中部留出高低两个通气孔，作为氧气和二氧化碳气体的交换孔。通气口大小和数量根据养猪数量而定。

在猪舍靠北墙角建 1m² 的厕所，厕所蹲位高出猪舍地面 20cm，厕所蹲坑口与沼气池进料口相连。

在猪舍地面距外山墙 1m 处建蝶形溢水槽兼集养槽，猪舍地面用水泥抹成 5% 的坡度坡向溢水槽（猪舍地面高出自然地面 20cm），溢水槽南端留有溢水通道直通外面，防止夏季雨水灌满沼气池的气箱。

4. 日光温室

（1）温室骨架设计参数

日光温室与普通温室相同，温室骨架设计采用固定荷载 10kg/m²。

（2）墙体厚度

后墙及外山墙厚度 50~60cm，也可采用 24cm 和 12cm 之间留空心建成复合墙体，墙体厚度大于 80cm。

二、南方以沼气为中心的生态养殖模式分析

在我国南方各地，以沼气建设为中心，以各种农业产业为载体，以利用沼肥为技术手段，产生了多种农业生产模式，如"猪—沼—果""猪—沼—稻（麦、菜、鱼）"等。这些模式使传统农业的单一经营模式转变成链式经营模式，延长了产业链，减少了投入，提高了能量转化率和物质循环率。

在这些模式中，利用山地、农田、水面、庭院等资源，采用"沼气池、猪舍、厕所"三结合工程，围绕主导产业，因地制宜开展"三沼"（沼气、沼渣、沼液）综合利用，达到对农业资源的高效利用和生态环境建设、提高农产品质量、增加农民收入等效果。沼气用于农户日常做饭点灯，沼肥（沼渣）用于果树或其他农作物，沼液用于拌饲料喂养生猪，果园套种蔬菜和饲料作物，满足育肥猪的饲料要求。除养猪外，还包括养牛、养鸡等养殖业；除果业外，还包括粮食、蔬菜、经济作物等。模式的作用主要表现在：一是实现了农村生活用能由烧柴到燃气的转变，因此，保护和培植了绿色资源，为维护和恢复大自然的生态环境治理了源头；二是由于开展了沼肥综合利用技术，充分合理地利用了农业废弃物资源，在农业生产系统中，实现了能流与物流的平衡和良性循环，以及多层次利用和

增值，几乎是一个闭合的生态链。

（一）"猪-沼-果"生态模式

1. 基本模式组成

"猪-沼-果"一体化生态农业模式包括林业工程建设、畜牧工程建设、沼气工程建设、水利配套工程建设及其综合管理。

（1）太阳能猪场

猪场建在山体上部、果树上方、水圈下位的南面背风向阳平坦的坡面上，猪舍坐北朝南，东西向排列。在猪舍的一端建有与猪舍走廊相通的加工贮料室、饲养人员工作室和宿舍。猪舍为单列式一面坡半敞棚建筑。单列建设 10~12 间（一栋）猪舍，生猪存栏规模为 80~100 头，年出栏生猪 150~200 头。超过 6.67hm^2（100 亩）的山场，可在下阶的平面上并列建设相应规模的猪舍。猪舍地面设计要有利于排水；冬季夜间舍内温度在 8℃ 以上，日间舍内温度在 18℃ 以上；夏季要通风凉爽，郁闭度 0.7 以上。

每间猪舍跨度为 5.7m 左右，养猪圈舍面积不小于 300cm×360cm。北墙距地面 100cm 处开设一扇 70cm×50cm 通风窗（冬季封闭）；靠北墙留 100~120cm 宽走廊通道，通道的两端设有门口。

自走廊往南依次建 100cm 高、12cm 厚的猪舍隔墙，宽 50cm、深 25cm 食槽和鸭嘴式自动饮水器，100cm 高、37cm 或 24cm 厚的南圈墙。

猪舍地面比周围地面高 30cm，北高南低，有（2∶100）~（3∶100）的坡降，15~20cm 碎石水泥基础，上为 1∶2.5 水泥防滑地面。顶棚北向滚水，由上至下依次为水泥瓦、草泥、苇帘、椽子、檩木结构。采光面积与猪舍地面面积比不小于 0.7∶1。

（2）沼气工程

依据猪场规模确定池体容积大小，存栏 100 头育肥猪的太阳能猪场配建的沼气池（主体发酵池、水压间）的容积最小不应低于 30m。生猪日产鲜粪按 3kg/（日·头）计量。入池粪便按 1∶3 比例加水，池内干物质与水的比例为 1∶9；原料池池内发酵腐熟周期为 23~40d。沼气池主体发酵池为 1/3 气容、2/3 料体。

沼气池建在猪舍内猪床的下面。主体发酵池、水压间接东西排列。沼气池的主体发酵池与水压间要求用混凝土浇注，内径大于 350cm 时，池体拱盖部位加注钢筋。

（3）贮肥池

贮肥池建在猪舍墙外，也可建在下阶水平沟上。贮肥池与水压间有管道相通。水压间的沼液溢口高在距地面以下 20cm 处，排出的沼液自行流入贮肥池。贮肥池可用砖、石砌块，水泥砂灰抹面，在底部设一沼液排放闸门，用软管疏通。

（4）水利配套工程

蓄水池建在猪舍、林业等设施方的背风向阳处，容积为 20~30m。蓄水池建设采取地上或半地下方式。在水泥基础上建圆形双层夹心墙体，内壁为钢筋水泥浇筑，或水泥砂浆砌体，内层套水泥砂灰，外壁为砖灰防风保温砌体，中间充填锯末等防冻保温材料；顶盖用水泥拱顶或水泥盖板，墙体上沿留一溢水管孔，低部设置进出水管道。蓄水池的引水管道、排放管道应埋在土层下边。根据需要，对养殖场和果园配置供水和灌溉。

2. 模式的管理

（1）养殖场及沼气池管理

饲养畜禽坚持自繁自养的原则，按照地方畜牧部门防疫规划建立无疫病养殖场，严格搞好预防性消毒、灭病工作。

坚持早、中、晚三次清扫粪便入沼气池和冲洗圈舍。圈舍内的排粪沟最低处向墙外开设一排水口，沼气池入料口处设雨水挡板。

严禁农药废水、消毒药水、酸性和碱性水流入沼气池。

饲养的畜禽品种按地方政府规划和饲养管理技术规范执行。

（2）果树管理

果树根部追肥：在果树生长期，结合浇水施入沼渣、沼液肥。在贮肥池内按肥水 1:3 的比例加水，搅拌后打开排放闸门，使沼液随水顺管道向果树盘（树掩）内自行施肥浇水。

叶面喷肥：在 5~8 月，采取中层清液（沼液），用纱布过滤后，按肥水 1:2 的比例加水，5~7d 喷施 1 次。

整形修剪：按规定对果树进行修剪。此外要坚持促花保果、疏花疏果、防治病虫害等常规管理。

（二）"猪-沼-莲-鱼-菜" 五位一体生态模式

"猪-沼-莲-鱼-菜" 五位一体模式，是以土地和水资源为基础，以太阳能为动力，以设施为保障，以沼气为纽带，将种植与养殖、温室与露地、作物与水产结合起来，实现积肥、产气、生活、种养同步并举。该模式以 400m² 日光温室为基本生产单位，温室内建一个 8~10m² 的沼气池，出料口位于室内，进料口留在室外所建的 10~15m² 的猪舍内，冬季猪舍上部用塑膜覆盖。同时，温室前挖一个 667m² 的长方形 "莲鱼共养池"。基本流程为：

温室蔬菜及莲藕销售后剩下的残菜可喂猪，猪粪和秸秆入沼气池，经充分发酵产生的沼渣作为无菌的优质肥料可供温室和莲池肥田改土；沼气除供农户照明、炊事、取暖外，还可于冬日增补温室蔬菜二氧化碳气肥；沼液不但是蔬菜和莲菜的优质追肥和叶肥，还可以喂猪和养鱼，这样形成一个有机、完整、协调、循环的良性生态链。

（三）"猪-沼-果-鱼-灯-套袋"六位一体生态模式

"猪-沼-果-鱼-灯-套袋"六位一体模式，是以种养业为龙头，以沼气建设为纽带，串联种、养、加工等产业，并开展沼气肥全程利用的综合性生态农业生产方式。生产者通过种植促进养殖业的发展，建设沼气池，利用人畜粪便、作物秸秆、生活污水等下池发酵，产生的沼气用于做饭、点灯，沼肥用于农作物施肥、喂猪、养鱼等；应用诱虫灯诱虫喂鱼，减少病虫害；同时通过果树套袋保护果实，实现高效循环利用农业资源，生产安全优质农产品。其主要做法：一是发展养猪，猪粪是整个生态产业链条的源头，是沼液的主要原料。沼液作为猪饲料的添加剂，能加快生产、缩短育肥期，提高肉料比。二是修建鱼池养鱼，以投喂商品饲料为主，结合投放沼渣、沼液和诱杀昆虫补充。三是安装诱虫灯，利用灯光诱杀害虫可减少农作物的虫害，减少农药使用量，减少对环境的污染，减少对天敌的杀伤，不会引起人畜中毒。四是发展沼气，为农户提供清洁的生活能源。五是沼液、沼渣可用于果树种植，其中沼渣宜作为基肥深施，沼液宜作为追肥施用。六是采取果实套袋，在生长期内进行保护。

第六章
农业科技人才培养模式与环境优化

第一节　农业科技人才培养模式

一、农业科技人才培养模式创新原则

（一）强化优势，培植自主创新主体

每个地区应比照全国其他地区，找到自己具有科技资源的比较优势，硬件设施优势，人力资源的比较优势，经济发展条件的地域优势，为各地区农业企业科技人才培养营造良好的外部环境和打造坚实的科技基础。

（二）政企联动，搭建社会保障平台

农业企业科技人才培养有别于其他行业，由于农业科技人才具有公共产品性质，农业企业科技人才培养具有很强的外部性特征。因此，农业企业科技人才的培养不仅需要农业企业加大资金和人力投入，同时还需要政府在农业企业科技人才培养中，尤其是农业人才基础教育方面发挥决定性的主导作用，制定相关的法律法规，为农业企业科技人才的培养提供强有力的制度保障和有利于人才成长的宽松社会环境。在农业企业科技人才培养过程中，也需要社会各界的资源和力量，比如，农业类高等院校、研究机构或者职业教育机构的硬件和软件资源，来自农民专业协会的组织协调，等等。总体来讲，政府提供基础供给保障、企业根据自身发展需要，走人才培养多元化道路，是农业企业科技人才培养的未来发展方向。因此，在新模式的设计和实施过程中，需要社会多方面力量的投入，充分、周到地考虑各个支持平台或机制，确保农业企业科技人才培养新模式的顺利运行。这是探索创新农业企业科技人才培养模式有力的社会保障。

（三）差别化培养，发掘多途径开发潜能

如前所述，在农业企业科技人才现有培养途径中尚未具备针对农业企业各层级各类别科技人才的差异化培养方式的条件。但在具体途径上，界定不够明晰，而且缺乏各种培养途径的综合运用，止于个别途径的简单差异化，尚未达到多种途径综合运用的层次。同时，更缺少由农业企业主导的，根据企业发展需要直接针对农业企业科技人才的培养途径，这就难以保证不同类型、不同层次的农业企业科技人才结合自身需求和实际工作内容获得最有效的培养。因此，创新模式必须联系三类农业企业科技人才的实际，将差异化培养理念和多途径培养方式有机结合起来。此外，在探索新模式过程中，我们可以充分挖掘农业企业人才培养的内在潜力。这是探索创新农业企业科技人才培养模式的核心理念。

（四）注重培养效果，健全考核评价体系

农业企业科技人才培养对于农业企业而言是一项全面而复杂的系统工程，包括事前的需求调查与预测，事中的培训执行与保障以及在培训事后的效果考核与评价，整个培训体系的有效运行又将对今后的人才培养提供系统实践的指导，从而形成一套衍生递进、循环上升的人才培训体系。建立健全培养效果的考核评价反馈机制，是对所培养人才的定量定性的考量评价，是对人才量才录用的取舍依据，也对今后更好地实施培训，调查、预测、宏观把握培训需求都具有积极意义。因此，构建人才培养效果考核评价反馈机制，应当在设计中给予足够的重视和相应的位置。这是探索创新农业企业科技人才培养模式中不可或缺的重要构成。

二、"四位一体"的农业科技人才培养创新模式构建

（一）产学研复合型培养模式

产学研复合型培养模式是三大培养模式良好运转的基础，是从较为宏观的角度，考虑到农业科技人才培养的公共产品特性，由政府、农业企业、社会组织各方面合作协助农业企业培养科技人才，进而从客观上推进农业现代化进程。农科类高校、科研院所、职业教育机构等教育培训组织是农业企业科技人才培养主体，教育培训组织通过学历教育、长短期培训、各类课题、项目支持等途径对企业科技人才进行培养，而农业企业主要是通过各类技术攻关课题、项目来直接培养科技人才。当然，这类人才的培养都是基于企业实际需求和未来发展方向的，同时，企业可以及时接触和掌握科研成果、技术，并对成果的应用

情况进行反馈，企业与科研教育培训组织通过产学研结合方式达到科研成果、技术迅速转化为生产力的目的。在国内人才培养模式构建的同时，还应加强国际间的交流与合作，通过留学教育、国际会议交流及大型跨国农业企业进行国际项目合作等方式来培养人才。企业还可以与国内的教育培训组织进行产学研联合，也可以与国外的教育培训组织进行互动。在整个培养模式中，国内外教育培训组织和农业企业相互之间搭建人才、资源、信息和设备共享的协作平台，同时，该子模式中有五个保障机制来保证整个模式的运行。保障机制包括政策法规保障、资金投入保障、产权和利益分配保障、组织机构保障和人力资源保障。政府与社会团体是作为推进模式运行的主体，通过资金投入、项目支持和各类关系的协调来推动整个培养过程的运行。该模式运行结果是输出北京农业企业所需的各级各类农业企业科技人才。此外，模式还包括人才培养的考核、评价和反馈，对输出的人才以及培养效果进行系统的考核、评价，并颁发相应的资格证书予以认定。模式运行每完成一个周期，将对该周期运行过程中的经验与教训加以总结反馈，以进一步校正完善培养模式。

（二）农业企业"引入式"培养模式

所谓"引入式"培养模式，从总量意义而言，并非一种增量式的培养模式，因为新人才量没有增加，但对于具体的农业企业而言却有着十分积极的意义，是量能"引入式"增加。它是针对农业企业迫切的人才需求与农业企业人才培养的实际，尤其是针对高层次科研人才的供求矛盾，采用柔性引入所需人才的一种"借脑"方式。

市场的需求催生培养模式的更新，"引入式"培养模式是适应市场变化的产物。国家建设都市型现代化农业进程的提速，农业企业为适应发展的需求，重组经济实体，调整产业结构，转变经营模式，开发新型产品，这些改变使得农业企业在生产运作中形成了一系列新增项目，也加大了对科技人才量的需求。项目的新增，使得农业企业原本紧缺的相关人才更加捉襟见肘，势必加大农业企业对结构性临时人才的需求，但以全职的方式雇用临时人才，又将投入更大的人力成本，且在这些项目完成后还会造成人才再安置等人力资源管理的新问题，不利于农业企业高效运转和社会的和谐稳定。基于此，本书提出农业企业"引入式"培养模式，让外部人才为"企"所用，不失为一种一举多得之策。既可以缓解企业人才结构性紧缺的矛盾，又降低了引进人才的成本，提高人才的有效使用率，还可化解人才流失的风险等。

（三）农业企业员工继续教育内部培训模式

企业员工内部继续教育培训是现代企业管理的一项重要内容，也是企业人才培养的有效模式。农业企业员工内部培训作为一种企业人力资源管理行为，是直接为农业企业生产经营服务的。而深层次的意义还在于，农业企业员工继续教育培训必将为整体农业人力资本增值提质，最终为农业产业的长期发展夯实基础，有助于推进农业现代化建设的步伐。

农业企业员工内部继续教育培训其主要目的在于，通过培训教育增强农业企业的工作人员干好所承担工作的责任心，使他们掌握目前和未来工作所需要的知识和技能，以不断适应企业持续发展的需要。市场在变化，企业要发展，农业企业的职工和管理者要想跟上农业新技术发展的步伐，就必须经常参加某种形式的培训和学习。调研数据也显示，农业企业员工对继续教育内部培训有着十分迫切的需求。因此，加强农业企业人员的继续教育培训已成为农业企业人才培养工作中一个重要的组成部分。

三、"四位一体"的农业科技人才培养创新模式的实现路径分析

（一）产学研复合型培养模式实现路径

产学研复合型培养模式以农业企业发展为导向，本着实际、实用、实效的原则以培养复合型、应用型人才为目标；实现农业企业与农业科研机构、教育培训组织的资源共享、人才共享、设备共享、信息共享，形成一个产学研结合、优势互补的人才培养体系。

培养模式通过与国内外企业、教育机构合作，实现国内外人才培养资源的择优吸收；通过多种培养途径，既能实现现有人才的优化培养、潜在人才的高学历教育和培训，又能实现规范化的技术人才职业教育及实现产、学、研结合；通过各个保障机制的建立，实现模式的有效运行；通过政府和社会团体的推动，从宏观层面进行指导和协调。具体到模式运行方面，主要从四个方面阐述：

1. 政府主导与社会联动机制

政府是宏观调控者，其作用包括制定各种政策法规、协调各方利益和资源。政府需要帮助农业企业与科研教育机构联系、合作互动、财政资金投入等支持模式的运行。社会团体作为辅助的协调者，社会团体包括行业协会、教育培训的非政府组织等，其作用是协调各方利益和资源、发起培养主体间的互动、部分资金的投入来支持人才的培养。政府和社会团体都是模式的外部推动方。

2. 农业企业与教育机构互动机制

教育培训机构是农业企业人才培养的主体，通过学历教育、长短期培训、各类课题、项目支持等方式来进行人才培养，是基础研究人才培养的唯一主体。企业自身可以通过各

类课题、项目的支持来进行人才培养，是应用研究人才、试验开发人才、技术人才培养的重要主体。两者间的互动，能够使科研成果、技术得到迅速运用和转化，企业可以与教育培训机构开展产学研一体化培养模式，通过合作开发等方式，促进科技成果的转化。在两者的互动中，人才、教育资源、设备和信息都是共享的，搭建良好的共享平台。科技成果产出后，建立成果转化平台实现成果的快速应用。国内教育培训机构和企业的联动机制较为成熟后，进而与国外教育培训机构和企业实施对接，实现国内外人才培养的复合，在结合国情实际的同时，还可积极借鉴国外农业企业人才培养的成功经验。

3. 创立有效的保障机制

整个模式的有效运行除了需要个体和企业行为的规范，也需要构建和完善各种有效的保障机制。

模式有效运行和可持续发展需要法律的保障和支持。政府通过制定政策法规来确认模式的参与者依照现有的法律规则进行相关活动。依照法律法规相互合作，设立课题、项目申请机制并进行监控、确保财政资金投入的实现、协调各方利益等。

资金投入保障机制是模式运行的物质保障，缺乏资金的投入，模式将无法运行，人才培养也将是虚话。资金的投入保障以农业企业的定期人才培养投入为主，以国家对重点企业、专业人才培养的财政资金投入为辅，资金投入的形式可以多样化，但是投入量必须满足人才培养需求和目标；组织机构保障机制是模式运行的实体保障，没有企业的推动和科研机构、教育培训机构的配合，模式无法运行，同时，这些培养主体要为人才的成长提供良好的软硬件环境，建立优良的创新体制。

模型的运行需要强有力的人力资源保障，是指整个模式的运行要以人为本，以人为核心。模式运行中的协调管理人员以及作为培养对象的现有科技人才和潜在科技人才都是模式运行中的最基本保障，因此，对协调管理人员的激励和监管、对科技人才的培养和评估都是人力资源保障机制需要解决的问题。

产权和利益分配机制是模式运行的有效的激励保障，目前，我国面临对企业科技成果的知识产权保护和成果转化利益分配制度不完善的问题，农业企业科技人才培养各方以及科技人才自身的积极性如何确认在很大程度上受农业企业自有知识产权和进行成果利益分配的影响，因此，在模式运行前需要对产权和利益分配机制进行事先设立。

4. 建立完善的人才评价监督机制

作为模式输出的农业企业科技人才，要予以系统的考核、评价，并颁发相应的资格证书予以认定，作为农业企业录用、升降的资格依据。从企业和社会两个方面进行定期评估和培养效果的反馈。

（二）农业企业"引入式"培养模式的实现路径分析

农业企业"引入式"人才培养模式主要包括：申请建立引进国外智力成果孵化推广基地；与咨询公司建立合作关系；与人才租赁机构建立合作关系等。

1. 国外"引智"

所谓"引智基地"，就是农业企业申请建立的引进国外智力成果孵化推广基地。引进国外智力（以下简称"引智"）是指农业企业通过引进和派出专业人员学习或以其他方式吸收和借鉴国外先进的科学技术知识、管理经验和方法。

引智工作的主管部门是国家外国专家局和地方外国专家局，其主要内容由引进国外专家、引进国外智力成果示范推广和组团出国（境）培训三部分组成，引智人才分为三类：专家和技术人员、爱国华裔学者、留学人员。这些人才的流动是一种柔性的流动。

为了促进引进国外智力成果（以下简称"引智成果"）的消化、吸收、创新和推广，使之尽快转化为生产力，国家或地方外国专家局对引智工作取得成果并在成果示范推广工作方面做出显著成绩的农业企业，命名为"引进国外智力成果孵化推广基地"（以下简称"基地"）。通过建立"基地"的"孵化"作用，形成引智成果示范孵化推广体系，加快引智成果的推广，使之尽快转化为生产力。

农业企业申请建立基地，对于企业人力资源而言，其积极意义在于：

第一，有利于吸引现代农业的科技人才。农业企业通过引智渠道吸引海内外人才和科技含量附加值高的项目，通过项目积聚、人才集聚，发挥其各自专长，施展其才华，开发创新新产品，便于形成引智的集聚效应。

第二，有利于提高本企业员工的整体素质。引进的国外专家通过定期往来、互动交流等方式在农业企业兼职工作，在工作交流中外国专家会把先进的理论知识和实践经验传授给本企业的员工，发挥其"酵母效应"，促进本企业员工整体素质的提高。

第三，有利于形成合理的人才专家网络。申请获准的农业企业，必然在企业内部形成一种无形的吸引力，产生人才的集聚效应，长此以往，必然会逐步形成一张数量可观、专业结构合理的专家人才网络。

2. 借用"外脑"

咨询是有关人员运用专业的眼光，向用户提供信息和智力服务的中介方式。咨询公司对委托方进行诊断，帮助委托人制订解决问题的方案、如何实施方案以及对方案实施效果的评价等，以达到咨询委托方的预期目标。

咨询公司拥有高学历、有专业知识背景的专家顾问团队，当农业企业与这些咨询公司合作时，这些专家顾问团队就会根据农业企业的项目所需提供相应的咨询服务。借用"外脑"，对于农业企业来说，就是一种"不求所有，但求所用"的用人模式，即柔性化引进人才的模式。农业企业可根据发展需要，与专业的咨询公司建立合作关系，定期或不定期地向这些咨询公司咨询相关事务。因此，农业企业就可以借用咨询公司所拥有的专业知识背景人才，而不用自己雇用，省去了招聘成本、培养成本、管理成本和社会保险费等。

农业企业与咨询公司建立合作关系，对于企业而言，其积极意义在于：

第一，有利于以外来眼光审视企业。企业进行咨询的一个目的就是从企业外部对企业进行全面的审视，"把脉"企业自身看不到的"症结"，以解决企业"瞎子摸象"的种种困惑。专业的高素质的咨询师，可以用新的思维方式、新的视角审视企业的现状，分析其存在的问题及成因，并以科学的态度和创新的精神为企业设计出切实可行又有所突破的方案。

第二，有利于解决企业实际的管理问题。专业的管理人才是大多数企业所缺乏的，而咨询公司有一批专业的管理人才，他们管理理念新锐，思想缜密，经验老到，熟悉各种不同的管理问题，让这些专家去解决农业企业发展中遇到的实际问题，往往能起到"事半功倍"的效果。

第三，有利于增强企业解决问题的能力。当企业管理者与咨询师交流时，管理者就会学到咨询师的专业的分析问题、解决问题的方法与思路，这样企业在今后遇到类似的问题，便能得心应手，使企业管理者管理能力得以提高。

第四，有利于更新企业的观念。思想决定决策，观念引领行为。咨询师是为不同企业服务的，他们接触到不同企业许多先进的管理理念和管理模式，农业企业管理者在与咨询师的交流中，新的观念就很容易注入企业之中。

3. 人才"租赁"

人才租赁又称"劳务派遣"，是指人才租赁机构根据用人单位的需求，聘请用人单位所需的人才，交付给用人单位使用，同时为所聘人才发放薪酬以及代办养老保险、档案托管等人事代理业务，最后由用人单位支付相关费用的一种"三方协议"用人方式。

人才租赁涉及三方的职责，即人才租赁机构、用人单位、被租赁人员。

人才租赁机构的主要职责是招聘、培训被租赁人员，发放薪酬，对被租赁人员进行测评，代办社会保险，办理暂住证，与被租赁人员签订劳动合同，处理劳资纠纷，与用人单位签订租赁合同等。

用人单位的职责是负责使用人才，定期向人才租赁机构反馈被租赁人员的信息，配合人才租赁机构管理人才，向人才租赁机构支付租金和手续费。

被租赁人员的职责则是在规定的时间内服务于用人单位，并定期向人才租赁机构反馈信息。

农业企业与人才租赁机构建立合作关系，其积极意义在于：

第一，有利于企业降低用人成本。人才租赁帮助企业解决了临时人员的短缺和特殊人才的短缺，而且使人力资源管理责任外部化，降低企业的劳工成本，使企业可以专注于核心业务的发展。

第二，有利于企业规避用人风险。在租赁方式下，人才租赁机构的核心业务在于建立多层次、多种技术结构的人才储备库，并会不断地增加人才储备库。这样就可以满足企业不同层次的用人需求。具体操作如下：人才租赁机构根据企业的需求，为农业企业量身定做，从人才库中遴选企业所需的人才，通过专业化的测试为企业选定候选人；企业对候选人面试，从中选择自己需要的人才，在租用的过程中，对被租赁人员进行考察。租赁人员被派遣到企业，人才租赁机构会与租赁人才签订具有法律效力的协议来约束被租赁人员，避免人才流失。一旦出现人才流失，人才租赁机构也可以及时地从人才库中选取适合的人才，供企业补充。

第三，有利于企业用人的简单化。人才租赁是一种"即需即租"的弹性用人机制，农业企业只要向人才租赁机构支付一定的租金和管理费用，就可以随时租用所需人才，有效节约了聘用时间成本。

第四，有利于企业减少劳资纠纷。在人才租赁方式下，企业和被租赁人员之间是服务关系，人才租赁机构和被租赁人员签订劳动合同，因此如果出现劳资纠纷，人才租赁机构会来解决，企业就降低了与租赁人员之间发生劳务纠纷的麻烦。

上述三种途径均体现为"引入式"人才培养的柔性方式，而农业企业"引入式"人才培养的途径还有很多种，比如，与上下游企业或者业务相关的企业建立人才联盟，通过合作研发项目，以引进联盟企业的人才；聘请有关专家担任企业的顾问，为企业的发展出谋划策；与其他高校或科研院所建立合作关系，以科研项目为依托，引进这些单位的研发人才；等等。这些"引入式"人才培养的途径都有待农业企业的进一步发掘。

所谓"引入式"培养模式管理平台是指农业企业通过在高校或其他科研机构中设立工作站，由不同学历层次、不同专业知识背景、不同职称和不同职务的人才构成，专为农业企业特定项目需求服务的引入式人才培养的管理平台。

这一平台具有以下特征：

以人才资源类型多元化为前提。高校、科研机构联结着众多的人才资源，是一条纽带，高校和科研机构的互动联系了上到国家相关部门、省市相关部门，下到具体的学生、教师、研究员个体。

这些人才拥有不同学历层次、不同专业知识背景、不同职称、不同职务。农业企业在高校成立相关人才工作站就可以充分利用高校的人才资源，不断完善人才资源库，为企业引入科技人才打下坚实的基础。

以人才共享为理念。人才既可以为建站的企业所用，也可以为其他用人单位服务，即当企业有项目需求时，从人才储备库遴选人才，人才为企业服务；而当企业没有项目需求时，人才也可以为其他的用人单位服务，这样避免了人才资源的闲置浪费。科技人才可以在不同的区域、行业间流动，可以实现人力资源价值的最大化利用，人力资本价值的最大化。

以企业的发展需求为导向。人才引入工作站的宗旨是一切服务于农业企业阶段性使用人才的实际需求。根据企业实际的发展需求建立人才信息库，选调企业适合的人才，组建项目团队，以满足企业阶段性、随机性使用人才的需求。

搭建"引入式"培养模式管理平台，人才的需求方是农业企业，高校及科研机构是人才储备库，政府相关部门是中间人。因此，在工作站建设过程中，政府要发挥牵头引线的作用，由农业企业积极主动与高校及科研机构协商谋划。"引入式"人才培养模式管理平台的搭建可以缓解农业企业人才结构性紧缺的矛盾，降低引进人才的成本，提高人才的使用效率，减少人才流失风险等。此外，还具有以下优势：

第一，有利于增强农业企业对市场的适应性。企业适应性是一种应对市场外部环境变化的变通能力，企业通过人才工作站直接引入人才，根据需求运作不同的项目，可以迅速地适应市场环境的变化，调整企业自身的策略，有效降低时间成本。

第二，有利于增强农业企业开展核心业务的专一性。企业在高校成立人才工作站，将企业的管理风险让渡于管理平台，由管理平台负责建立人才信息库、项目信息库，组建项目团队等，这样企业将有更多的时间和精力来建设核心业务。

第三，有利于增强农业企业使用人才的灵活性。农业企业借助人才工作站这一管理平台，充分利用人力资源共享的"人才信息库"，合理选择适宜本企业当前需求的各种"引入式"培养途径，灵活引进所需人才，进而运用项目管理的理论合理配置人才资源，以满足企业对人才的需求。

（三）农业企业员工继续教育内部培训模式的实现路径

1. 在职培训

在职培训，是指对已经在职的农业企业员工所进行的继续教育培养方式。在职培养的培养模式有企业办学或联合办学培训、业余培训或脱产培训等。培训的主要内容应包括：①思想政治教育与职业道德教育。对员工进行社会主义、爱国主义、集体主义教育、方针政策教育、职业道德教育、爱岗敬业教育等。②文化知识和工作技能的培训。针对农业企业内部员工职务不同，水平参差，培训的内容也应区别对待，各有侧重。对管理人员应强化管理知识的培训；对工程技术人员应着重加强新专业技术知识和技能的继续教育；对一般职工则应侧重文化基础知识、基本业务技能的培训。

2. 在岗培养

在岗培养，是指农业企业在企业项目中对员工进行的继续教育培养方式。这种培训的突出特点是将培训和岗位实践结合起来，把对职工的教育渗透到项目和活动中去。实施这种培养，要严格目标管理，提倡岗位练兵，健全激励机制，奖励有突出贡献的职工，鼓励员工在实践中学习、在实践中成才。针对高层次人才的在岗培养，则是通过参与实际科研推广项目，在具体科研活动中得到锻炼和提高。为防止培训放任自流、放任自学现象的发生，一定要注重理论联系实践，加强培训的计划性并建立有效的督导机制。

3. 企业文化培养

企业文化培养，是指农业企业对员工进行企业精神、企业价值观、企业伦理以及企业行为规范的继续教育培养方式。企业文化是企业全新的管理思维与行为，是以文明取胜的群体竞争意识。企业文化是一个企业的灵魂，是一个企业凝聚力的体现。企业可根据本企业自身发展特点，归纳总结出本企业独具个性的企业核心价值观、企业精神、企业形象等，建立企业的价值理念识别系统、行为识别系统和感觉识别系统等构成的企业文化完整体系，并运用各种有效的手段将企业文化转化为全体员工的自觉行为，通过企业文化来增强企业的凝聚力和核心竞争力。在贯彻实施企业文化的过程中，来改造企业员工的精神面貌，提升员工的素质。

4. 全员培训

全员培训，是指政府部门与企业互助合作，有目的性地对农业企业全体人员分类提出要求，分批进行的系统教育培训方式。通过培训，使员工的素质都得到相应的提高，用全面系统的职业培训取代过去那种的简单训练。农业企业职工培训应坚持"因材施教，灵活多样、理论联系实际"的原则，当前要以岗位培训为重点，加强员工操作技能和理论实践知识的培训，把生产产品和技术训练开发紧密结合起来，不断提高职工思想素质、专业技能和知识水平。各企业应根据自身特点具体实施，不必强求一律。

第二节　农业科技人才发展环境优化分析

人才环境是指与人才的成长发展密切相关的各种物质条件和精神条件的总和，人才的成长既受内在因素的制约，又受外在因素的影响。人才的成长和发展与环境密不可分。人不能脱离特定的环境而独立存在。人才对环境的依赖性使那些具有良好的人文环境和政治环境的人成为人才的首选。

一、社会环境

社会环境中的各种不同环境，如政治、经济、文化等，甚至在一种环境中的不同方面，对人才的影响并不是孤立地发挥作用，而是共同施加影响。

就政治环境而言，包括政治制度、社会变革、社会习惯、道德规范等多种因素。这些因素产生积极影响，就能促使大批人才涌现，反之人才则会受到压制。政治制度因素对人才的影响也涉及以下三种不同的方式：

（一）通过社会制度影响和制约人才

社会剧变、转型时期，旧的制度被打破，新的体制逐步建立。一定时期内，社会处于一种混乱无序的状态。这种状态虽在许多方面对社会产生负面影响，但客观上形成的宽松环境，使一些人获得了人身的自由，思想得到空前的解放，从而使人的潜能得到最大限度的开发，各种适应新社会转型需要的新型人才也会纷纷涌现。

（二）通过制定一系列制度、政策来对人才成长产生影响

世族世官、世卿世禄制度被打破，举贤用能的用人政策、新的选才制度的建立，招贤纳士等用人政策的实施，必然会带来人才的大批涌现，使布衣贤能之士得以展示才华，贤才俊杰有了施展才能的舞台。

（三）通过历史文化、社会道德风尚和社会传统对人才成长产生影响

多元的文化格局和重人、尚贤等思想道德风尚等，既是文化概念，也是政治范畴的内

容，都会对人才的成长产生积极影响。

经济环境包括生产活动环境和科技活动环境等。生产活动是人类赖以生存的基本条件，也是人才赖以生存的重要内容。人才的成长离不开经济环境的制约和影响。社会生产力的发展需要大批人才，同时也催生大批人才。经济发展的程度，也会影响人才的类型。

文化环境大致包括传统文化环境、现实文化环境和地域文化环境。文化环境是人才成长的土壤，不同的文化环境产生不同类型的人才。随着时间的推移，传统文化环境对人才的影响时强时弱，而现实文化环境和地域文化环境对人才的影响则呈现出逐步增强的趋势。特别是地域文化环境，不仅影响着人才的层次和质量，同时也影响着人才的数量、结构和类型。人才出现的数量多少与地域文化环境有着密切的关系。

舆论环境即舆论波及的空间所形成的社会环境。社会舆论有评价作用，这种作用对人才成长的影响是巨大的；社会舆论有导向作用，影响着人才成长的方向；社会舆论有控制作用，对所传播的地方产生一种社会心理压力，约束人的言行。

二、政策环境

科技人力资源已成为推动经济社会发展的关键要素。改革开放以来，我国人才政策不断完善，人力资源管理水平显著提高，但是，宏观人才政策体系的改革明显落后于经济社会的改革与发展，制约了科技人力资源的建设和创新能力的提高。改善科技人才工作的政策环境，进一步破除束缚科技和经济发展的宏观管理模式，应引起政府部门和相关机构的高度关注。

我国人口众多，虽然科技人才总量排在世界前列，但科技创新效率并不高。除此之外，我国科技人力资源还存在着严重的区域分布不均衡、结构性人才供需矛盾等问题，东部西部、城市农村差距悬殊，国有单位科技人员相对饱和，企业科技人才严重不足等。总体而言，科技人力资源建设与经济快速发展的形势极不协调，科技人才的创新效益亟待提高。

长期以来，人事人才政策一直都是我国计划体制的重要组成部分。改革开放以来，我国人事人才政策有所改革，但仍然没有从根本上脱离计划体制下形成的框架，与经济社会的快速发展严重脱节。这种宏观环境，造成了科技人才工作中的一系列突出矛盾。

科技人才市场化程度低，流动机制不畅，人才配置失衡。目前，中国各类人才的流动仍面临着严重的体制障碍，人才配置的市场机制不能正常发挥作用。现行的干部管理、调动审批、档案制度、工资福利和退休等制度，使科技人才流动成本过大，在政府部门、事业单位、企业及社会民办机构等不同类型用人单位之间的流动则更加困难。事业单位的聘用制度虽已启动，但由于相关配套政策不到位，与人才自由流动和社会化仍相去甚远。人才固化使得竞争择优的用人机制不能实现，造成人才配置不合理和人才效益降低。科技人才相对集中的事业单位和政府部门人员饱和、流动不畅，聘用制流于形式，而企业作为技术创新的主体，在吸引科技人才中处于严重劣势。过度依靠行政手段聚集人才、留住人才，不能从根本上实现科技人力资源的健康发展。政府部门、事业单位和企业实行不同的人员身份管理和社会保障模式，是造成人才市场人为割裂的一个重要原因。此外，国内外人才市场不接轨，国外专业人才来华工作和定居的审批程序复杂、政策不透明、吸引机制缺位，也加剧了我国在科技人才国际化竞争中的劣势。

提高我国科技创新能力，建设创新型国家，必须努力解决科技人才管理体制机制上的突出问题，推行系统的改革举措，革除长期以来存在的不利于科技人才成长和发挥作用的政策障碍。政府部门要把深化宏观管理体制改革，创造良好的人才环境作为首要责任。

改善宏观政策环境，建立自主管理制度体系。要在竞争激烈而又快速变化的市场环境下，实现科技人力资源的合理配置和有效激励，必须进一步理顺人才工作中政府部门和用人单位的不同角色。要改变政府部门在计划体制下形成的科技人才工作模式，转移工作重心，大力加强法治建设和制度体系的完善，营造优良的人才环境。要进一步减少人力资源的统一计划管理，使用人单位，特别是国有用人单位，在人才工作中拥有更大的自主性。

建立绩效评估制度，彻底改革用人、分配上的弊端。绩效评估主要的问题是确定评估的内容，这主要包括与工作相关的知识、技能和能力，工作态度，工作质量，工作数量，沟通能力，灵活性，处理问题的独立性等。绩效评估和用人、分配挂钩的目的是留住和吸引人才，是争夺人才的一种关键条件。用绩效来分配薪酬或奖金，能消除分配上的平均主义。用绩效来决定人员的晋升，使能者上，庸者下，消除用人上的不正之风，能形成富有生机和活力的用人机制。用绩效来决定人员的去留，能使大家心服口服。用绩效来决定人员培训计划、人事研究、人事开发，能确定哪些东西需要补救和开发，需要引进哪些人才等。

三、创业环境

创业环境是创业者进行创业活动和实现其创业理想的过程中必须面对和利用的各种因素与条件总和。创业环境可分为宏观创业环境和微观创业环境。从宏观层面看，创业环境具有层次性、整体性和稳定性特点；从微观层面看，创业环境应该具有操作性、灵活性和区域性特点。

（一）技术环境

科技型人才的特点决定了创业离不开大专院校、科研院所、技术的转移与扩展等技术环境。技术环境主体主要包括大专院校、科研院所和企业构成的技术研发环境和作为技术转移和扩散主体的技术市场。一方面，由于大专院校、科研院所、R&D 投入等研究开发环境直接影响着技术创新活动的数量、频率和水平；另一方面，科技成果的生产能力要转化为现实的生产力还有赖于技术转移与扩散，它决定了科技成果转化的速度和效率。

（二）融资环境

资本对科技人才创业的作用是其他任何要素资源都无法替代的，资本的持续进入总是表现为科技型企业基本的和基础性的支撑力量，资本总是对企业创业构成瓶颈约束。

（三）政策法规环境

科技型创业企业中所产生和所一直面临着的许多问题都在更深的层次上指向于所谓的"政策与法规问题"，政策创新滞后和法规的不完善严重地影响了科技型创业企业的成活率。政策创新和法规完善是中国科技型创业企业的最具现实意义和深远影响的动力所在。政策法规的制定和完善是政府各部门的工作，所以，政府就成为科技型企业政策法规环境的作用主体，从科技型企业创业资源需求角度看，主要体现在与技术相关的政策法规，与人才相关的政策法规和与融资相关的政策法规三个方面。

（四）文化环境

良好的社会文化氛围是科技型创业企业的灵魂。营造深入人心，因势利导的文化环境可极大地促进人们对科技型创业企业的激情。对于科技型企业创业来说，文化环境主要指创业文化，即指社会对创业行为和价值所持的认同和倡导的态度以及由此形成的鼓励、推崇创业的氛围。

（五）制度环境

国际欧亚科学院院士吴敬琏先生强调，如果我们热心于发展我国的高技术产业，就应当首先热心于落实各项改革措施，建立起有利于高新技术以及相关产业发展的制度。"制度高于技术"。在发展科技型企业的过程中，政府不仅要着重为包括技术人才和经营人才在内的各种专业人才创造适宜的机制，同时还应主动为科技型企业创业提供宽松的市场准入、市场秩序、市场体系、企业组织等各种制度环境。

第三节 我国农业科技人才培养对策与建议

一、优化人才成长的人文环境

（一）树立科学的人才观

科学的人才观作为一种观念文化，所蕴含的充分肯定人才价值、高度重视人才工作等理念，对促进全社会形成尊重人才、关心人才的良好氛围具有理论先导作用。要树立人才资源是第一资源的观念，认识到人才是先进生产力和先进文化的重要创造者和传播者，人才优势是最大优势，人才开发是经济社会发展的重要推动力量；要树立人人都可以成才的观念，大力营造有利于人才成长的体制、机制和环境，把每一个人的潜能和价值都充分发挥出来；树立以人为本的观念，把促进人才的健康成长和充分发挥人才的作用放在首要位置。在人才培养和使用中，要充分认识人才问题在建设中国特色社会主义事业中的重要地位；充分认识人才资源是社会主义现代化建设中最为宝贵的战略资源；充分认识人才资源开发在推动经济发展与社会进步方面的巨大作用。必须认识到，没有一支由各类人才组成的宏大的队伍，进行社会主义现代化建设，完成中华民族伟大复兴的历史使命将无从谈起。还要树立"人才就是财富，人才就是效益，人才就是竞争力，人才就是发展后劲"的观念；树立"用人看本质、看主流"的观念，全面正确地看待各类人才，不求全责备；要树立"选人和用人失误是过错，埋没和耽误人才也是过错"的观念，爱惜人才，及时用人才；要树立"注重实绩，竞争择优"的观念，为优秀人才脱颖而出创造有利条件。

（二）营造良好的人文精神环境

人文精神是一种普遍的人文关怀，表现为对人的尊严、价值、命运的维护、追求和关切，对人类遗留下来的各种精神文化现象的高度珍视，对一种全面发展的理想人格的肯定和塑造，这种精神应该形成一种弘扬的氛围，让每个人都能在这种浓郁的人文精神的氛围中生活、发展。良好的人文环境的营造，对人才自身的素质也是一种培养与塑造，为创新型人才的健康成长创造条件。首先，要营造尊重劳动、尊重知识、尊重人才、尊重创造的社会氛围，使创新人才得到尊重、创新成果得到肯定、创新活动得到鼓励，激发全社会的创新活力。其次，要营造宽松的学术氛围，创新活动是一项带有探索性和开创性的活动，带有风险性，出现失败是难免的。对失败的宽容度关系到创新度，要营造鼓励冒险、容忍失败的创新环境，使创新人才能够放开手脚大胆创新。最后，要形成和谐的工作氛围，要加强创新人才之间的相互沟通，营造合作、民主、自由、开放、宽松、和谐的人际关系，组织要关心创新人才的成长，体现人文关怀。

二、加大对农村的人力资本投资，改善农村整体素质

既然人力资本投资对经济发展的作用远大于物质资本投资，那么发展农村经济的首要和更为有效的措施就是加大对农村的人力资本投资，建立面向农业和农村的教育、公共卫生和培训体系，培养农村高素质科技人才的同时，提高农村普通劳动者的整体知识水平。

（一）建设面向农业和农村，适应农村发展需求的教育体系

目前，不但中国城乡劳动力受教育水平存在明显差距，而且中国农村教育完全照搬了城市的教育模式，与农业的特点和需求不相适应，这种教育以升学为目的，过分重视普通教育而忽视了面向农村的职业教育，致使农业劳动者受教育后所学非所用，造成了教育上人力资本投资的风险和人力资源浪费，农村教育投资的收益率低下。因而，要从根本上提高农村的人力资本积累水平，不但要加大对农村教育的投资，而且要探索适应农业和农村经济发展特点的正规教育和职业教育体系。

（二）改善农村的医疗卫生状况

中国城乡公共卫生条件存在较大差距，公共卫生投资的城乡不均等问题必然造成城乡劳动者健康水平的差异，从而形成城乡人力资本存量上的巨大差距。要缩小城乡人力资本投资和积累差距，就要改善农村的医疗卫生状况，逐步为农民建立医疗保障，将乡村卫生机构纳入城乡统一的医疗卫生管理体系，加强对乡村卫生机构从业人员的资格认证、培训、管理和监督。目前，随着新农村建设的进行，农村医疗保障体系建设已开始起步。

（三）加强对农民的培训，建立和完善农民的终身教育体系

侯风云教授的研究表明，增加培训投入有利于稳定农村劳动力就业行为。目前，中国农村很少有针对农业生产中实际问题的培训和指导。不多的农业技术培训班，往往流于形式，成为应付上级检查的摆设，农民不能从中真正得到对提高自身人力资本存量和农业生产有用的技术知识。因此，改善农村的人力资本积累状况，就要加强对农民的培训，尤其是直接面向农业生产的技能培训，为新型绿色生态农业的发展培育新型农业劳动者，建立

和完善面向农村的终身教育和培训体系，提高农村劳动者的就业稳定性。

三、建立、健全和完善城乡统一的社会保障体系

中国只有农村劳动力向城市的流动，没有城市劳动力向农村的流动，从而形成了农村人力资本向城市的单向溢出和城市人力资本流动的"闭路效应"。城乡人力资本的单向流动的一个重要原因就是农村缺乏完善的社会保障体系。社会保障表现出了城乡分离的二元性特征，城市相对完善的社会保障体系给城市劳动者带来了潜在的巨大收益。于是，形成了一种并不反常的"反常"现象，即本该居于农村服务于农业的农业科技人员大量流出，而现有的农村科技人员却大多来自城镇。我们要减少农村的智力外流，并吸引外部人才，就要探索、建立、健全和逐步完善城乡统一的社会保障体系，为农业人才服务农村经济提供可靠的保证，解除其后顾之忧。

四、改善硬件设施，充分发挥农村科技人才的作用

农业是国民经济的基础，在后工业社会的知识经济时代，绿色生态农业代表了未来农业发展的方向，知识、农业科技将成为未来农业发展的主要动力。新型农业的发展需要更多的高素质劳动力，农业科技的研发、推广和应用最终都离不开科技人才和普通劳动者的实践，更需要相应的农田水利等基础投资做保障。目前，农户分散经营行为的短期性和实际存在的土地承包期的不稳定性，使得农户投资农田基础设施的风险过大，并且资金的限制也使得单个农户也难以独立承受。要加快农业发展，就必须完善农田水利设施建设，加大国家和农村集体的农业基础设施投资，为农村劳动者素质的提高和农村科技人才的培养提供良好的硬件基础。

同时，中国农村非农产业发展迅速，并逐渐成为农民就业和收入的主要来源。农村产业结构中传统农业比重的降低和非农产业比重的上升，既是农村经济发展的趋势，也是农村经济发展的表现。非农产业的发展需要相应的道路、电力、通信等公共设施投资做保障。否则，非农产业的发展必然受到基础条件的制约，难以吸引投资，农村劳动者难以在农村找到就业机会，必然造成农村人力资本的外流，增大农村人力资本投资风险，带来农村人力资本积累的恶性循环，从而导致城乡差距的恶化和农村经济发展后劲不足。

五、完善市场体系，建立城乡统一、双向互动的劳动力市场

中国劳动力市场存在明显的二元结构特征，劳动力的城乡流动渠道不畅，受传统观念的影响和城乡差距的客观现实限制，劳动力市场呈现出"城里人才扎堆，乡下人才奇缺"，

城乡之间的劳动力流动处于一种单向的、不稳定的状态，乡镇企业的高技能劳动力需求在农村地区得不到满足。长期的农村劳动力向城市的单向流动，会带来农村的"智力外流"和人力资本投资风险与损失；而城市劳动者尤其是农业科技工作者不能相应地为农村经济发展做出贡献，造成人力资本投资的浪费。这种城乡分割的劳动力市场，只能进一步扩大城乡差距。劳动力市场是整个要素市场中的中心，要改变目前的城乡发展不平衡现象，就必须建立城乡统一、双向互动的劳动力市场，创造必要条件，消除城乡劳动力流动障碍，使农村剩余劳动力有更大的就业空间，通过农村软环境建设，留住农村科技人才的同时，积极吸引城市人才为农村经济发展服务。

六、不同类型的农业科研人才的不同措施

（一）农业科研人才

农业科研人才培养解决的主要问题是农业生产试验型人才缺乏、农业成果转化率低，可以建立与农村农民结合紧密的农业科研体制，在此体制下，通过资助、教育等方式来加大对农业科研人才的智力投资，提高科研水平。各农业科研单位根据本单位科研人才队伍状况，对于学习能力较强、有兴趣也有必要进行再教育的科研人员进行教育培训。可以仿照委培的模式，通过推荐、选派农业科研机构中的这些科研人员进入如山东农业大学等高等院校学习。根据当前农村科技发展需要，在其进入学校之前签订协议，规定其学习的专业，学习所要取得的成绩，防止一部分人不认真学习，或利用进入高校的机会进行利己性的活动，在教育经费上可由单位全部出资，因为农业科研单位不比其他企业，数量少且精，但规定学成后回来继续为农业科学研究服务。

在学习过程中，就可以利用农业科研体系中的试验中心，将新的理论与实际结合起来。通过这样的高等教育，这些科研机构的人员能够在结合自身已有实践的基础上，有针对性地学习农业理论知识，提高学历和技能水平，创造出更多的农业研究成果。如果经费足够，还可以考虑让这些科研人员出国学习。因为许多国家有先进的农业技术培训基地，如丹麦的"达鲁姆农学院"，已有100多年的历史，该校有北欧唯一的乳品生产技术培训基地，北欧国家所有的乳品生产技术人员都在这里接受培训，而且还接收外国学生学习。具体的执行方式则可以参考其他相关事业单位人员的出国培训方式。

在对科研人员进行一系列教育和资助后，为了促使其科研成果产生更多并更有效，可以实行绩效考核评价机制。考核结果一方面要反馈给被考核人，使其认识到哪些方面存在不足，相应地改进绩效，提升自身科研水平，也要作为绩效工资成为薪酬的一部分。因为

经济利益可以起到更大的刺激作用，以薪酬的形式激励科研人员更进一步提升水平，创造更多的成果，也可以作为晋升和提拔的依据。被考核人员的利益受到影响，自然就会想办法提高自身水平，这样可以形成科研人员主动提升的动力。另一方面，考核结果可以作为培训的依据。考核结果体现出被考核人的水平缺失之处，依据此可以有针对性地对其开展培训，且这样的培训更实际，更能产生效果，进而真正提高农业科研人员的科研水平。

（二）农业科技推广人才

农业科技推广人才是连接农业科研成果和农业生产的桥梁，加强对推广人员的教育和培训，不但能满足人才需求，还能有效提高农业科研成果转化率和农村实用人才技术水平。因此，通过建立农业科研、教育、推广相结合的机制，发挥各方力量，同时运用高等院校、各类职业院校加强对推广人员的教育培训，运用评价考核保证培训效果和提高推广水平，运用优惠保障措施培育出能长期驻扎基层的推广人才。

充分利用农业大学在科技方面的领先优势，建立以农业大学为中心的推广培训体系。通过将农业大学建成推广基地，将教育和推广结合。一方面利用农业院校培养出大量具备新理论和新技术的专业推广人才。农业大学组织的推广工作能充分发挥其教学、科研、推广一条龙服务系统的优势，便于与地方进行息息相关的农业推广工作，这样就加强了地方推广队伍与农业院校的联系，在推广中发现问题可以直接解决，需要提高学历的可以有针对性地进入相关专业学习，需要新技术的可以申请专家进行指导，或进行系统的技术培训，提高推广队伍的水平。另一方面利用农业院校的科技人才进行技术推广，让教授在进行研究工作的同时进行农业技术推广，这样既丰富了教授们的教学和推广工作的内容，且从事推广工作可直接把最新科技成果传授给农村实用人才，使其及时掌握最新技术，辅助了农业科技推广。

在开展农业科技推广时，农业科技推广人员存在一个问题：推广讲解语言不能被农民所明白。这个问题包含两个方面的意思：一是运用过多的专业术语或脱离农业生产的语言、文字；二是述说内容过于理论化，未与农业生产实际结合。引起这个问题的主要原因就是农业推广人员在用多媒体、远程等方式培训农民时，轻视现场指导，脱离农民、脱离实际。因此，应该考虑让每个农业推广人员每年都有一定的时间段在农村以现场指导的方法培训农民。各个农业科技推广机构对其推广人员进行统计，待到进行农业技术推广时，每个推广点派出 1~2 人到田间地头为农民现场指导技术，接受农民询问，为农民解决问题，通过与农民直接沟通，了解实际需求。与此同时，通过深入生产实践，还可发现和收集生产中存在的实际问题，把这些问题带回去经过筛选，有可能成为新的研究课题，保证农业技术的先进性，使科技成果及时转化为生产力。

（三）农村实用人才

农村实用人才是农业科研成果的运用者，科研成果转化力度影响到农村实用人才的素质水平，因此，通过建立科研成果快速转化机制，并建立能有效运行的农业推广机制，能够推动农村实用人才更好地学习和应用成果，有利于更多更高质量的实用人才的形成。

实行科技成果定期发布制度，建立科技成果信息共享平台，实时收集，定期公开；建立农业科研体系与企业、中介机构等组织的联系，促进成果转移到农业生产和社会应用中；建立以农业试验站为载体的成果推广机制，通过科技成果的试验、示范和人员培训等方式，强化试验站与所在地区基层农业推广服务体系的有机联系，基层推广的作用得到发挥，农民才能学到最新、最有用的技术，才能产生更多的实用人才。

在对农民开展各类培训以外，还要做好培训的后续工作。许多培训人员在培训后忙于其他工作，农民在培训以外的时间难以接触培训人员，这样就很难与之进行沟通，巩固培训效果，难以获得进一步的技术服务。因此，可以利用基层推广培训机构，在各乡镇推广机构中建立一个技术服务中心，专门负责为农民解答农业技术方面的问题。农民在参加了培训活动以后，对在培训和实际生产过程中遇到的问题，就可以咨询该服务机构获得相应的解决办法和帮助，这样就保证了农民培训后服务的持续性。

第七章
农村环境规划与生态文明建设

第一节　农村环境保护的重要性

一、农村环境保护的紧迫性

改革开放以来，我国农业集约化的快速发展，农村生活方式的不断改变，以及城镇化和工业化对农村地区日益深刻的影响，明显加剧了我国农村生态和环境的总体恶化，对改善村风乡貌、提升农村居民健康和生活品质带来了诸多不利的影响，成为我国实现新农村建设目标的重要瓶颈问题。当前，我国新农村建设过程中面临着许多突出的环境问题：农村水资源短缺，饮水安全保障程度低；农村环境基础设施落后，环境卫生状况差；种植养殖废物产生量大，综合利用效率效益低；水体和土壤环境恶化，生态破坏严重；等等。农村生态环境问题亟待解决，并已逐渐成为新农村建设的关键。

由于农村环境污染和生态破坏问题的突出，一系列农村公共卫生问题也就接踵而来：由农药残留和使用不当引起的食物急、慢性中毒事件不断；环境恶化、水土流失导致自然灾害频繁发生；乡镇工业污染饮用水源和灌溉用水，直接威胁居民健康；大型养殖场造成恶臭污染，并传染寄生虫病等。如果不高度重视农村生态环境问题，不采取切实有效的措施加大环境保护力度，农村可持续发展的基础将被动摇，农民的健康将得不到保障，社会主义新农村建设将无从谈起。因此，我们在大力发展农村经济，构建资源节约型、环境友好型社会的同时，就必须充分关注农村生态环境保护。

解决此问题必须看到一个重要约束——在未来相当长的时间里，我国城乡分割的二元社会结构可能仍将继续存在，仍然会有相当多的人以小规模的农业经营为生。此约束决定了农村污染治理可采取的措施是有限的。因此，首先必须确保农民受益并有利于改善农民的生活，任何激进的、外部输入性的、单纯管制性的政策都有可能面临失败。许多新兴工业化国家如韩国等的经验也说明这种问题必须在不影响经济增长、社会发展目标和发展速度的情况下统筹解决，即兼顾"生产发展、生活改善、生态良好"。这与中央提出的新农村建设"生产发展、生活宽裕、乡风文明、村容整洁、管理民主"目标的思路是一致的。面对农村生态环境恶化的严峻形势，各级政府要高度重视农村的生态环境保护工作。

二、农村环境保护与环境建设的重要性

我国农村作为一个所占比重相对较大的区域，集聚着丰富的资源与生态条件，是"三农"的聚居地与载体，也是事关国民经济发展的重要区域。目前，我国农村人口比重仍然较大，因此，农村仍然是农民生产、生活的重要空间。

目前看，尽管我国的农业和农村经济已经获得了长足发展，取得了令人瞩目的成就，但长期以来，由于经济上的盲目性、急功近利以及人们的资源、环境意识淡薄，农村和农业生态环境问题仍十分突出，严重制约着区域经济和社会的可持续发展。农业作为人类衣食之源的生产部门，是以转化自然资源为基础的，生态环境遭到破坏、资源减量降质，首先受影响的就是农业。由于生态环境恶化、资源破坏，已给我国经济和社会带来极大的危害，阻碍了我国农业现代化的进程，造成了巨大的经济损失。上述严重后果会使我们丧失赖以生存的良好环境和经济与社会发展的基础，以及制约农业的可持续发展。

面对我国农业与农村发展中出现的资源与生态环境问题，人们应该重新审视、思考我国农业与农村发展战略与模式问题。应该说，如何从根本上进行结构调整、战略转变、机制创新，处理好发展与环境的关系、当前利益与可持续发展的关系，是 21 世纪中国农业和农村可持续发展的关键所在。

总之，农村环境保护与生态环境建设是实现农业与农村可持续发展与现代化建设的根本保障，是我国现代化建设进程中应该始终坚持的一项基本方针。近几十年来特别是改革开放以后，国家有关部门对环境保护与生态建设给予了极大的重视，在很大程度上遏制和减缓了生态环境恶化与资源退化的程度。我国在环境立法、执法、防止污染、生态农业建设等方面，已取得了显著成效。如开展"三北"防护林、长江中上游保护林、沿海防护林等一系列林业工程建设，对黄河、长江等七大流域水土流失采取综合治理措施。21 世纪我国全面实行西部大开发，加入 WTO 后，应对全球化挑战，我国在环境保护与生态建设上，加大了投入力度，这将改善和恢复我国的生态环境尤其是农村的生态环境，对国民经济和社会的可持续发展也将产生长久而积极的影响。尽管如此，我们也必须清醒地认识到，中国的农业和农村发展在相当大的一些地区仍然是粗放低效，是以资源超耗甚至破坏为代价取得的。这已经给农村的生态环境带来了巨大的负面影响。另外，以城市为中心的环境污染向农村蔓延问题，酸雨区扩大问题，陆地污染向水体、河流及海洋转移等问题，仍应引

起足够的重视。因此，农村环境保护与生态环境保护和生态建设是一项关系到当代人类生存发展与子孙后代永续利用的事业，是一项应常抓不懈的光荣而艰巨的任务。

三、解决当前农村环境问题的对策

如上所述，农村环境问题种类繁多、分布面广，治理难度大，它已不是农民自己能解决的问题，如不足够重视、及早防范和治理，将会造成比现在的城市环境更复杂、更有害、更难治理和恢复的被动局面。各级政府和职能部门应将加强农村环境保护摆在重要位置，制定政策、研究措施、落实目标责任。

（一）从战略高度关注农村环境安全

针对我国农村环境的严峻形势，必须强化社会公众的农村环境危机意识，大力宣传农村环境安全的内涵、特点、迫切性以及未来国家农村环境安全发展趋势，将当前与今后存在的环境问题和对经济社会发展的不利影响与严重性告诉公众，使公众认识到农村环境的进一步恶化将对人类生存和发展构成广泛和严重的威胁。必须从我国农村环境安全与粮食安全、经济安全以及社会安全相互关联的角度增进对农村环境安全的认识，增强全民环境意识与参与意识。必须突破传统、封闭的农业生态安全观，树立经济、生态、社会、政治、文化全面和谐的科学发展观，从片面追求农业和农村经济增长，转变为农村经济、生态、社会、政治、文化全面和谐发展。

（二）加大资金投入和政策扶持力度

坚持"谁污染谁付费，谁受益谁负担，谁开发谁保护"的原则，不断拓宽投资渠道，保证稳定有效的环保资金投入。财政政策逐步向农村环境保护工作倾斜。另外，还须根据"工业反哺农业"有关精神研究和制定相关的优惠政策，逐步建立和完善政府、集体和个人多渠道融资机制，保证稳定有效的农村环境综合整治资金投入。

农村的环境问题由于其特殊性，如不及早重视和防范将会造成比现在城市环境更复杂、更有害、更难治理和恢复的被动局面。在建设社会主义新农村、加快农村现代化进程的今天，我们应当积极采取对策，把农村环境问题摆上议事日程，不能重蹈工业化"先污染、后治理"的老路，要走生产发展、生活富裕、生态良好的文明发展道路，增强可持续发展能力，改善生态环境。

（三）强化乡镇企业环境管理，控制工业污染

地方政府要全面规划、合理布局乡镇企业，并与村镇建设相结合，相对集中乡镇企

业。建立工业小区，实行集中管理，集中处理污染。对于不经济的污染企业要限制其发展；对产业结构不合理、污染排放严重、不能实现集中处理污染或污染物不能达标排放的企业要关停，逐步在乡镇工业企业中推行清洁生产。各地要因地制宜地发展少污染和无污染的产业，推广废物最少化和清洁生产工艺。尽快研制、开发和推广适合乡镇企业不同类型的污染防治技术。各地政府要根据当地实际情况制定地方性环境保护法规，坚决关闭、取缔不符合要求的企业，实行排污许可制度。鼓励公众参与环境保护工作，充分利用新闻媒体的监督作用。对于污染源企业的关、停、并、转要给予正确引导，并给予适当的经济补偿。

（四）加强宣传教育，增强人们的环保意识

环境问题，归根结底集中在人类能否正确处理经济发展与生态环境、长远利益与急功近利的关系问题上。因此，首先应提高领导决策层的生态意识、环保意识，克服短期行为。在处理发展与环境问题上，坚持"三效统一"是制订和实施好生态环境建设规划的关键所在。要向农村干部宣传环境保护对生态建设的重要性，促使其充分认识加强农村环保工作的紧迫性。不断开展对农民的环保宣传教育工作，向广大农民宣传公益意识、环保意识，鼓励农民积极参与环境保护工作、积极检举和揭发各种违反环境保护法律和法规的行为，从而在全社会营造人人关心环境、个个参与环境保护的氛围，把环境保护与生态建设工作提高到一个新水平。引导广大农民革除陋习，倡导科学、文明的生产和生活方式，帮助农民走"生产发展、生活富裕、生态良好"的文明发展道路。对农民滥伐、乱挖、随意焚烧的行为要加强管理。大力推广使用节能炉、省柴炉、太阳能热水器等清洁、节能的生活用具，指导和帮助农民建立沼气池，对无法入池的废物要分类、集中处理。针对农民收入普遍较低的情况，政府部门要给予农民环保方面的补贴或资金支持。

（五）建立健全生态补偿制度，提高居民保护环境的积极性

在农村，特别是生态环境脆弱的地区，建立和完善生态补偿制度对于提高社会主义新农村建设速度和提高居民参与环境保护的积极性具有重要意义。社会团体代表着各自群体的利益，具有组织公众、积极参与、共同行动的能力和积极性。在农村生态环境建设与发展事务中，社会团体的作用是重要的和不可替代的。居民应成为生态环境事业的直接参与者与受益者。

第二节 城乡统筹与农村多元化价值

一、农村的价值

(一) 农村价值的变化

前面提到在传统经济中，农村是农产品的供给者和"菜篮子"。现在，级差地租和比较优势的作用使城市周边的农村作为农产品供给者的角色大大弱化了。在城乡一体化的框架中，城市需要在它周边出现能够利用土地、植被、水体等自然资源的净化能力为其提供生态服务的农村，因此，农村要充分利用它的自然资本创造并体现出生态环境价值、景观价值、传统文化价值，保护生物多样性，体验、娱乐、教育等多元化的价值。而且，城市越发展，农村的土地、森林、水系和村落等资源提供的服务价值就越宝贵。

人们认为都市周边的农地主要具有以下四个功能：

1. 生态和环境保护功能

农村大片的开阔地有助于日照和通风；形成宜人的景观；森林、水系、湿地有利于地域微气候的调节；还能为动植物提供生存和移动空间，保护生物多样性；增加人们与动植物的和谐共存。

2. 社会文化传承功能

农村是众多传统文化的发源地，农村的传统村落风格、农业设施、古宅、古桥、古树等都是很有价值的景观和文化事物，能够提供回归自然和历史的感受，还可以为教育和科学研究提供对象、材料和实验基地。通过到农村的亲身体验，可以对儿童和学生进行热爱大自然的教育，让他们继承农村传统文化的精华。

3. 休闲娱乐功能

城市居民可以通过自己的农业操作体验，认识劳作的价值，获得劳动的欢愉；市民如果不直接参加劳动，但收获时去农园参加采摘，并品尝收获的农作物，也可以体会到收获的乐趣；援农，去农家帮忙并体验其中乐趣，也是一种城乡交流方式。

4. 防灾御害功能

农地可以作为避难空地，也就是在发生地震、火灾、爆炸或有毒气体泄漏时成为市民避难的场所；在噪声和异味气体发生的场合下，农地可作为缓冲带；当建筑物发生火灾时，起到防止火灾蔓延的作用；雨水较多时可发挥储水功能；农地还可以作为灾后搭建临时建筑的理想场所。

在我国江南地区，优秀的传统水乡文化和风貌也是发达地区农村多元化价值的一个重要特色。江南地区是传统社会人与自然和谐的典范，水与绿是聚落的主旋律。无论宅院还是村落，都是一种近乎完美的人类生态系统。乡间民居往往同时具有生产和生活双重功能，对自然要素的利用和保护发挥到极致，是抗旱、防涝、御寒、避暑，各种功能和谐的统一。因此，城市化绝非意味着消灭农村，农村的发展也不能是千篇一律地兴建工业区、开发区和住宅区，而是要注重保护、培育和发展好农村的资源，发掘农村的多元化价值，让农村为城市提供那些城市不具备或者不能生产的服务。

（二）政府是保护农村价值的主导者

消除农村的边缘化倾向意味着实现城乡在发展利益分配上的公平和发展机会的共享。在城乡一体化过程中，农村价值的变化是在城市化的背景下产生的，城市化发展越深入，农村价值中的生态服务价值和文化价值的提升就越快。但是，这些农村价值具有外部性，即一个经济行为主体的经济活动对另一个经济主体的福利所产生的效应，但这种效应并没有通过市场交易反映出来。外部性的"外部"是相对于市场体系而言的，指的是那些被排除在市场机制之外的经济活动的副产品或副作用。例如，农村生态系统对于净化城市空气的作用就属于正的外部性。外部性导致市场失灵，因此，在保护农村多元化价值和消除农村的边缘化过程中政府必须成为主导者。政府必须对农村进行必要的公共投入，在新农村建设中真正实现城乡统筹发展。

那么，政府在主导保护农村多元化价值和消除农村的边缘化过程中主要应该在哪些方面有所作为呢？政府必须提高驾驭市场的能力，创建那些市场缺失的动因，让市场价格能够反映社会边际成本。政府要利用经济手段和激励机制消除那些不利于农村环境保护、资源恢复的规章，使生产者和消费者行为朝着有利于环境友好的方向发展。在具体问题上，会涉及生态补偿和转移支付。例如，退耕还林（草）政策对农户的补偿是典型的生态补偿。将转移支付的方式运用于生态补偿，便形成了"生态转移支付"体系，该体系依靠国家法律保障，通过转移支付来补偿生态服务提供地区，加强对生态服务地区生态环境的保护和修复。

（三）在新农村建设中挖掘农村的价值

1. 统筹规划城乡一体化发展

农村的价值在城市化的进程中会得到增加和延伸。随着对国土治理力度的加大和农村建设投入的增加，农村的生态功能、景观功能和环境功能也会不断发展。因此，需要对城乡建设规划整合，增强对农村和农业资源利用的合理化和多样化。在城乡规划中树立全部规划"一张图"的全局观念，坚持长远与近期相结合的可持续发展观，妥善处理城市与农村的关系，使城乡总体规划的各项指标落实到位。同时，要防止出现低水平重复建设现象，避免在城市化建设中只重经济效益，轻社会效益和环境效益。

2. 加强农村基础设施建设

农村基础设施建设是其多元化价值实现的基本条件。基础设施建设的作用主要表现在三个方面：一是提高城市与农村的通达性，主要指交通和通信条件，这是农村景观价值实现的首要条件；二是集落基础设施如上下水道、垃圾收集、公共活动场所和交通通信条件，这是混住化得以实现的基本条件；三是有助于环境资源保护的基础设施，如污水处理设施、垃圾收集和处理系统等。目前，我国发达地区已经具备了大规模整治农村生活环境和基础设施的实力，在建设中要强调农村生产基础设施和生活环境设施装备的一体化，根据区位、气候、农村历史文化传统等因素保护好农村生态和人文环境，使其更好地为城乡提供服务。

3. 提高农村和农业服务化水平

要让农村在城市化的进程中走出边缘化的境地，发挥出农村和农业的多元化价值，就必须提高农村和农业服务化水平，增加农民的收入和就业机会，使农民真正爱护自己的家园。20世纪90年代中期，日本提出的农业高次元化战略对这个问题很有启发意义。农业作为第一产业，在GNP中所占的比例只有非常小的份额，高次元化的目标是提高农业的附加值，这里指的并不仅仅是提高农产品的附加值，而是整个农业资源的附加值。其中包括"0次""1.5次""二次""三次"和"四次"产业。0次产业，意味着将包括山水田园风光在内的自然生产力培育作为产业。在提高一次产业的附加值方面，提出了1.5次产业的观念，内容是农产品的小批量、多品种和高品质，响应城市居民的家乡情结，发展地方特产，对应城市居民喜欢在外面吃饭和简便化潮流，发展相关的加工业。农业的二次产业指先进的生物技术和高科技农业的开发，农民、学术界和政府密切合作，开发和普及高生产力农业，特别是开发和普及各种农作物的优良品种。农业的三次产业不是指为农业服务的服务业，而是农业和农村自身服务功能的发展，包括城市与农村的交流、发展农村旅游业和市民农园、开发市民去农村地区体验和休闲的潜力。农业的四次产业指农业农村文化和心理价值的开发，包括发现、保护和利用农村文化，开发农村的教育功能。不难看出，除 0 次外，其他产业的本质是农业的服务化。农业的高次元化，意味着对农业和农村的深度利用，其中伴随着技术、信息和资本流量的增加，是一种全新观念的农业。

4. 发挥政府职能

当农村把发展重点转向为城市提供生态、人文、景观等方面的服务后，除关联的旅游休闲业可以直接进入市场，体验农业可以创造收益外，农村创造的生态价值有些是无法通过市场实现的。为此，政府应该加强干预和引导，建立起政府补贴和转移支付制度。对于生态服务的价值实现问题，可以由市场实现的应尽量通过市场来实现，当然也应该由市场中的交换来确定其价值。当生态服务的价值无法通过市场有效实现的时候必须由政府来干预，这种干预包括两个方面：一是直接保护，如政府定价并实行转移支付和无条件的保护；二是完备市场，通过合理的制度激励市场力量来实现一部分价值。在农村多元化价值保护过程中，逐步建立起政府主导、政策引导、市场运作的机制，调动全社会共同参与。

5. 用科学发展观提高对农村价值的认识

农村资源保护得越好，在城市化过程中获得的价值就会越大。如果在人们的心目中，农村、农地和林地的价值就在于提供农产品和林产品，这就使得农村的生态资源和景观资源很难得到系统的培育。应该把科学发展观真正落实到农村的可持续发展问题上，尤其是要注重保护、培育和发展乡土景观和生态环境资源。要充分挖掘农村的多元化价值，保护好农田、水系、森林、湿地这些资源，逐步进行生态修复，实现经济发展和人口、资源与环境相协调的目标。

二、新农村环境建设

（一）坚持"多予、少取、放活"的政策

在新农村建设中，我们必须坚持党的"多予、少取、放活"政策，让农民得到更多的实惠。这里很重要的一个问题是需要保障公共投入向农村的倾斜。在投入的方向上各级政府应该有所侧重。中央财政应该致力于建设覆盖全国的、基础性的服务体系，具体地说是教育、医疗保障这两大块。而地方财政可以致力于建设农村和农村基础设施、文化设施，构建科技普及体系和其他社会服务体系。

温铁军教授在《理论参考》的一篇文章中总结了新农村建设的"新"主要体现在三个方面：城乡之间的良性互动、农村社会制度的完善和农村和谐社会的构建、农村人文传统和自然环境的全面恢复。①城乡之间的良性互动。城乡差别越大，农民就越会为了短期的收入增加而过量使用农药化肥，既难以形成城市的食品安全供给，也会破坏农村生态环境。因此，推进新农村建设，就要改变以往简单化地加快城市化的倾向，全社会都来更加关注并致力于农村的综合发展。②农村社会制度的完善和农村和谐社会的构建。我们应逐步建立起比较符合农村实际的社会保障体制，逐渐把在城市中已经相对过剩的社会文化资源引向农村，适当地引入外来志愿者帮他们提供一些卫生知识、文艺知识等，帮助农民把各种社会文化组织发展起来。③农村人文传统和自然环境的全面恢复。在很多市场经济体制相对完善的国家，农村大多是风光秀美、有幸福感的地方，很多城里人有向农村回流的意愿，甚至出现了逆城市化趋向。我国的新农村建设也应该给人耳目一新的感觉，应该重新恢复农村本来就拥有的田园风光，农民应该生活在一种相对比较和缓、比较和谐的社会人文环境之中，让一些精神紧张的城里人被田园诗般的农村所吸引。

（二）环境建设：新农村建设的切入点

建设新农村是一个复杂的系统性工程，千头万绪，从哪里入手是非常关键的。农村环境建设是城乡统筹发展的重要突破口，有利于提高农村公共物品的供给，有利于农村多元化价值的实现，从这个意义上说，农村环境建设是新农村建设的合理的切入点。

1. 农村环境建设是城乡统筹发展的突破口

新农村建设的目标是农村的发展和农民福利水平的提高。但是，新农村建设并非仅仅是为了农村，而是城乡统筹发展的需要。随着经济水平的明显提高，逐步改变城乡二元经济结构的条件正日益具备。现阶段统筹城乡发展，就是要坚持"工业反哺农业、城市支持农村"和"多予、少取、放活"的方针，以充分调动广大农民的积极性。

农村环境作为一种资源和其他资源一样具有发展性。一方面，和其他资源一样，农村环境的作用会随着投入的增加和使用方式的优化而发展和加强。例如，随着农田基本建设投入的增加，农田涵养水土和抗灾的功能会得到进一步增强。另一方面，二元经济结构下某些农村环境的功能和价值会在城乡一体化的过程中得到发挥，比如，农村环境的休闲、娱乐、体验和教育功能，可以说城乡统筹为农村环境价值的实现提供了基础，两者相辅相成，同时有利于农村的其他建设。

2. 重建农村公共物品供给和维护机制

农村环境建设是重建农村公共物品供给和维护机制的有效突破口。新农村建设中，很大一部分投入就是针对农村公共物品供给和维护方面的，例如，农村环境基础设施的投入。另外，城乡之间在公共物品供给水平上的悬殊差距是当前城乡二元结构新的体现。

3. 农村多元化价值的挖掘

在城乡统筹发展过程中，发达地区的农村作为农产品供给者的角色有所弱化。农村传统地提供农产品的经济价值正在下降，利用土地、森林、水体等自然资本创造并体现出的生态服务价值、景观价值、传统文化价值正在提升。生态服务的价值体现在自然生产，维持生物多样性，调节气象过程、气候变化和地球化学物质循环，调节水循环，减缓旱涝灾害、产生、更新、保持和改善土壤，净化环境，为农作物与自然植物授粉传播种子，控制病虫害的暴发，维护和改善人的身心健康，激发人的精神文化追求等方面。农村文化价值的提升体现在农村作为传统文化的摇篮，是城市的传统文化基因库。农村自由闲适的生活方式以及与自然环境相生相融的特点，正好与城市紧张压抑、拥挤不堪的氛围形成对比，在城乡统筹发展的过程中，农村作为人们精神家园的文化价值自然会得以提升。

新农村建设是一个系统的概念，农村环境建设也是一个系统的有机整体，随着城市化的推进，农村人口会逐渐减少，城市人口则逐渐增多，这是一个城乡统筹发展的过程。农村环境建设所提供的环境服务和支持功能大多数是由城市人口受益的，因此，农村环境建设是城乡统筹发展的重要突破口，有利于提高农村公共物品的供给，有利于农村多元化价值的实现，所以说农村环境建设可以成为新农村建设的合理的切入点。

第三节　农村环境规划

一、农业保护规划

（一）耕地保护规划

1. 耕地生态保护规划的概念

耕地生态保护的战略目标规划是对客观事物及其未来发展进行超前性的调配和安排，是发现事物内在联系的最佳手段，也是生产力布局的最优方法和提高耕地利用大系统负熵和政策连续性的理想工具，规划可提高决策的整体性和科学性，指出为实现未来目标所要采取的行动过程和途径，因此，编制耕地生态保护规划尤为重要。耕地生态保护规划是为实现耕地生态保护战略目标，在一定地区为改善耕地生态系统所做的时间安排和空间设计。

2. 耕地生态保护规划的内容

耕地生态保护规划内容应由耕地数量保护、耕地质量保护和耕地生态系统结构保护三部分组成，并在此基础上进行耕地生态保护分区。

耕地数量保护是为了确定未来一定时期内应保存的耕地数量所做的安排与布局，是在科学分析耕地数量现状和潜力，预测未来一定时期内区域经济发展、人口状况、消费水平、粮食单产水平及建设用地需求水平的基础上做出的。其内容主要包括耕地利用现状分析、耕地和建设用地需求量预测、优化各类用地数量结构，以及确定耕地保护数量和布局等。

耕地质量保护包括耕地地力保护和耕地生态环境保护。前者是根据区域耕地退化的现状，为恢复、改良和提高耕地基础肥力，协调耕地生态因子间的关系，提高区域耕地物质生产能力，对未来一定时期内地力保护所做的安排和布局。其内容包括耕地地力退化现状分析、地力保护目标的确定和实现目标的措施规划。后者是为防止耕地环境被工业"三废"、农药化肥污染，保护耕地环境所做的安排和布局。其内容主要包括环境监测、耕地生态环境现状分析评价、保护目标的确定和主要措施规划等。

耕地生态系统结构保护是对耕地进行生态系统结构设计、合理安排土地利用、土壤肥力建设、防治地力退化、排除污染物的干扰，是根据耕地生态系统结构简单和不稳定性现状所做的调整和改善生态系统结构的具体设计。主要依据生态系统学的基本原理，对耕地生态系统的平面、立体、时空和营养结构进行重新设计和构建，从而创造稳定、有序、和谐的时空结构和营养结构，保持系统的可持续能力，提高农作物对光、温、水、热、气、肥的利用效率，提高其物质生产能力。耕地生态保护分区是在一定区域内根据其内部的自然生态条件（地貌、植被、水文等）和社会经济条件（耕地利用现状、耕地地力退化、耕地污染等）及保护措施的相似性和差异性所进行的分区，是在生态保护的战略指导下将耕地数量、质量和生态系统结构保护在分区上的落实与实施。

（二）草地保护规划

1. 我国草地资源概述

（1）草地资源的概念

草地资源是一定的地域范围内的草地类型、面积和分布，以及由它们生产出的物质的蕴藏量。草地资源的生产价值主要体现在被家畜利用后转变为畜产品，提供给人类社会。因此，它是一项农业自然资源。

（2）天然草地类型

我国国土面积辽阔，海拔高低悬殊，气候千差万别，形成了多种的草地类型。全国天然草地可划分为18个草地类：温性草甸草原类、温性草原类、温性荒漠草原类、高寒草甸草原类、高寒草原类、高寒荒漠草原类、温性草原化荒漠类、温性荒漠类、高寒荒漠类、暖性草丛类、暖性灌草丛类、热性草丛类、热性灌草丛类、干热稀树灌草丛类、低地草甸类、山地草甸类、高寒草甸类、沼泽类。

2. 草地保护规划内容

（1）充分认识加强草原保护与建设的重要性和紧迫性

草原在国民经济和生态环境中具有重要的地位和作用。我国草原面积大，主要分布在祖国边疆。草原是少数民族的主要聚居区，是牧民赖以生存的基本生产资料，是西部和北部干旱地区维护生态平衡的主要植被，草原畜牧业是牧区经济的支柱产业。加强草原保护与建设，对于促进多民族地区团结、保持边疆安定和社会稳定、维护生态安全、加快牧区经济发展、提高广大牧民生活水平，都具有重大意义。

加强草原保护与建设刻不容缓。目前，我国90%的可利用天然草原不同程度地退化，每年还以200万 hm^2 的速度递增。特别是草原过度放牧的趋势没有根本改变，乱采滥挖等破坏草原的现象时有发生，荒漠化面积不断增加。草原生态环境的持续恶化，不仅制约着草原畜牧业发展，影响农牧民收入的增加，而且直接威胁到国家生态安全。草原保护与建设亟待加强，要按照统筹规划、分类指导、突出重点、保护优先、加强建设、可持续利用的总体要求，采取有效措施遏制草原退化趋势，提高草原生产能力，促进草原可持续利用。经过一个阶段的努力，实现草原生态良性循环，促进经济社会和生态环境的协调发展。

（2）建立和完善草原保护制度

建立基本草地保护制度。建立基本草地保护制度，即把人工草地、改良草地、重要放牧场、割草地及草地自然保护区等具有特殊生态作用的草地，划定为基本草地，实行严格的保护制度。任何单位和个人不得擅自征用、占用基本草地或改变其用途。

实行草畜平衡制度。根据区域内草原在一定时期提供的饲草饲料量，确定牲畜饲养量，保证草畜平衡。农业农村部要尽快制定草原载畜量标准和草畜平衡管理办法，加强对草畜平衡工作的指导和监督检查。要加强宣传，增强农牧民的生态保护意识，鼓励农牧民积极发展饲草饲料生产，改良牲畜品种，控制草原牲畜放养数量，逐步解决草原超载过牧问题，实现草畜动态平衡。

推行划区轮牧、休牧和禁牧制度。为合理有效利用草原，在牧区推行草原划区轮牧；为保护牧草正常生长和繁殖，在春季牧草返青期和秋季牧草结实期实行季节性休牧；为恢复草原植被，在生态脆弱区和草原退化严重的地区实行围封禁牧。要积极引导，有计划、分步骤地组织实施划区轮牧、休牧和禁牧工作。

（3）稳定和提高草原生产能力

加强以围栏和牧区水利为重点的草原基础设施建设。突出抓好草原围栏、牧区水利、牲畜棚圈、饲草饲料储备等基础设施建设，合理开发和利用水资源，加强饲草饲料基地、人工草地、改良草地建设，增强牧草供给能力。

加快退化草原治理。要按照因地制宜、标本兼治的原则，采取生物、工程和农艺等措施加快退化草原治理。

提高防灾减灾能力。坚持"预防为主、防治结合"的方针，做好草原防灾减灾工作。加强草原火灾的预防和扑救工作，改善防扑火手段；要组织划定草原防火责任区，确定草原防火责任单位，建立草原防火责任制度；加强重点草原防火区的草原防火工作；要加大草原鼠虫害防治力度，加强鼠虫害预测预报，制定鼠虫害防治预案，采取生物、物理、化学等综合防治措施，减轻草原鼠虫危害；要突出运用生物防治技术，防止草原环境污染，维护生态平衡。

（4）实施已垦草原退耕还草

明确退耕还草范围和重点区域。对有利于改善生态环境的、水土流失严重的、有沙化趋势的已垦草原，实行退耕还草。要把退耕还草重点放在江河源区、风沙源区、农牧交错带和对生态有重大影响的地区。要坚持生态效益优先，兼顾农牧民生产生活及地方经济发展，加快推进退耕还草工作。

完善和落实退耕还草的各项政策措施。制订已垦草原退耕还草工程的实施方案，要做好作业设计，把工程任务落实到田头地块，落实到农户；在各级畜牧业行政主管部门指导下，加强草种基地建设，保证优良草种供应；搞好技术指导和服务，提高退耕还草工程质量。

（三）林地保护规划

《中共中央国务院关于加快林业发展的决定》指出，"林业是一项重要的公益事业和基础产业，承担着生态建设和林产品供给的重要任务""在可持续发展战略中，要赋予林业以重要地位，在生态建设中，要赋予林业以首要地位"。进一步加快林业发展，建设比较完备的林业生态体系和比较发达的林业产业体系，是社会经济发展的必然需求，也是新时期林业建设的根本任务。

林地保护规划主要由以下五部分构成：

1. 基本情况

包括自然环境条件（地理位置，气候条件，河流、水文条件，植被条件）、社会经济条件（社会经济情况、交通通信状况）、土地利用现状、林业资源现状（林地组成、林分组成、林木蓄积构成）四部分。

2. 编制规划的原则和依据

（1）编制原则

编制原则包括：坚持生态优先，生态、经济、社会效益相结合的原则；坚持建设林业生态系统与保护现有林业资源并重的原则；坚持因地制宜、统一规划、合理布局、规模发展的原则；坚持以科技为先导，合理利用土地资源的原则；坚持保护与利用相结合的原则；坚持与土地利用总体规划、城市规划、村庄和城镇规划相协调的原则等。

（2）编制依据

主要有《中共中央国务院关于加快林业发展的决定》《中华人民共和国土地法》《中华人民共和国森林法》《中华人民共和国森林法实施条例》《退耕还林条例》等。

3. 林地保护利用规划

包括林地保护利用规模、林地保护利用结构（权属构成和规划林地的种植结构）、林地保护利用布局等内容。

4. 林地保护利用措施

包括防护林保护利用、商品林保护利用、宜林地保护利用等。

5. 保障措施

包括组织保障、法律保障、政策保障、制度保障等内容。

（四）中国自然保护区建设

自然保护区是指国家为了保护自然环境和自然资源，促进国民经济的持续发展，将一定面积的陆地和水体划分出来，并经各级人民政府批准而进行特殊保护和管理的区域。自然保护区分为国家级、省（自治区、直辖市）级、市（自治州）级和县（自治县、旗、县级市）级四级。国家级自然保护区是指在全国或全球具有极高的科学、文化和经济价值，并经国务院批准建立的自然保护区。省（自治区、直辖市）级自然保护区，是指在本辖区或所属生物地理省内具有较高的科学、文化和经济价值以及休息、娱乐、观赏价值，并经省级人民政府批准建立的自然保护区。市（自治州）级和县（自治县、旗、县级市）级自然保护区，是指在本辖区或本地区内具有较为重要的科学、文化、经济价值以及娱乐、休息、观赏的价值，并经同级人民政府批准建立的自然保护区。

自然保护区作为保护生物多样性的最有效手段，其规划内容可参照以下部分制订：

1. 前言

前言是关于自然保护区规划的简明阐述，包括该自然保护区基本特征、历史沿革、法律地位，以及编制与实施该总体规划的目的和意义等要素。

2. 基本概况

基本概况是依据该自然保护区科学考察资料和现有信息进行的基本描述和分析评价。评价应重科学依据，使结论客观、公正。包括：区域自然生态、生物地理特征及人文社会环境状况；自然保护区的位置、边界、面积、土地权属及自然资源、生态环境、社会经济状况；自然保护区保护功能和主要保护对象的定位及评价；自然保护区生态服务功能、社会发展功能的定位及评价；自然保护区功能区的划分、适应性管理措施及评价；自然保护区管理进展及评价。

3. 自然保护区保护目标

保护目标是建立该自然保护区根本目的的简明描述，是保护区永远的价值观表达与不变的追求。

4. 影响保护目标的主要制约因素

主要包括内部的自然因素，内部的人为因素，外部的自然因素，外部的人为因素，政策、社会因素，社区、经济因素，可获得资源因素七个因素。

5. 规划期目标

规划期目标是该自然保护区总体规划目标的具体描述，是保护目标的阶段性目标。规划期一般可确定为 10 年，并应有明确的起止年限。确定规划目标的原则是要紧紧围绕自然保护区保护功能和主要保护对象的保护管理需要，坚持从严控制各类开发建设活动，坚持基础设施建设简约实用并与当地景观相协调，坚持社区参与管理和促进社区可持续发展。规划目标内容包括自然生态/主要保护对象状态目标、人类活动干扰控制目标、工作条件/管护设施完善目标和科研/社区工作目标四部分。

6. 总体规划主要内容

总体规划由管护基础设施建设规划、工作条件/巡护工作规划、人力资源/内部管理规划、社区工作/宣教工作规划、科研/监测工作规划、生态修复规划（非必需时不得规划）、资源合理开发利用规划（如生态旅游等）、保护区周边污染治理/生态保护建议构成。

7. 重点项目建设规划

重点项目为实施主要规划内容和实现规划期目标提供支持，并将作为编制自然保护区能力建设项目可行性研究报告的依据。重点项目建设规划中基础设施如房产、道路等，应以在原有基础上完善为主，尽量简约、节能、多功能；条件装备应实用高效；软件建设应给予足够重视。重点项目可分别列出项目名称、建设内容、工作/工程量、投资估算及来源、执行年度等，并列表汇总。

8. 实施总体规划的保障措施

包括政策/法规需求、资金（项目经费/运行经费）需求、管理机构/人员编制、部门协调/社区共管、重点项目纳入经济和社会发展计划等。

9. 效益评价

效益评价是对规划期内主要规划事项实施完成后的环境、经济和社会效益的评估和分析，如所形成的管护能力、保护区的变化及对社区发展的影响等。

二、水环境保护规划

（一）农村水环境保护与治理的指导思想

根据水利部和生态环境部的有关政策，确定农村水环境保护工作的指导思想：以提高农村地区人民的生活水平和环境质量为目的，使水资源开发利用和水环境保护并重，结合农村的资源优势、地理特点和经济发展状况，加强水的高效利用，控制农业面源污染，积极推动污水处理设施的建设，实施农村废物的资源化和能源化，实现农村社会和经济在21世纪的可持续发展。

（二）农村水环境保护与治理的总体思路

按社会经济发展水平和水资源量差异划分不同类型的区域（华北、东北、西北、华中、西南、东南沿海地区），进而确定不同的环境保护目标和发展思路。华北、西北、东北地区着重保护现有水资源，对污染水体进行治理，进行污水回用研究，提高污水回用率。尤其是西北地区，在大开发的过程中要特别注意保护现有水环境，避免污染地下和地表水体。东北地区气候特点是冰冻期长，河流冬季污染严重，因此，应进行冬季污水截流工作，减少污水入河量。

华中、东南沿海和西南地区中的云南、贵州、四川地区，水资源相对充足，应进行水环境容量研究和核算，充分利用水体的自净能力，在此基础上对污染源进行治理；这些地区冬季气温也较高，因此，可以采用氧化塘等污水处理措施，与畜禽养殖和水产、渔业等相结合，可以保证常年运行，既降低污水处理成本，又产生经济效益。西南地区中的西藏地区，因地处高寒区，气候寒冷，水资源匮乏，故应采取不同的措施。

无论是哪一个地区，在制定水环境保护措施时，都应该结合自身的经济、环境特点，因地制宜，寻找适合本地区的水环境治理和保护措施，只有这样，才能达到经济效益和环境效益的统一，才能达到治理和保护水环境的目的。

（三）农村水环境保护与综合治理的对策

在当前和可预见的将来，我国农村的发展仍将经历农业产业化与农村城镇化的深刻变革。因此，农业产业化与农村城镇化的联动必将深刻影响农村环境的变迁，农村水环境的变化也必然受这个内在因素的支配，农业资源和环境承受的压力也相应加大。在这种背景下，坚持可持续发展战略，有效解决日趋严重的资源环境问题将变得更为迫切，但也需要充分认识到这一任务的艰巨性和长期性。

在对农村水环境现状与水环境容量进一步了解的基础上，应当在以往关注乡镇企业污染的基础上，进一步跟踪当代农村最新的发展趋势，充分重视给现代农业集约化发展带来的更大规模的非点源污染问题，以及农村小城镇建设带来的更大强度的农村生活污水对水环境污染的问题，并结合各种经济、法律、政策、宣传教育、水污染治理技术等综合手段，加强农村地区特别是小城镇地区的环境规划，加强各项环境管理措施，防止农村水环境进一步急剧恶化。

1. 提高人口素质

提高人口素质，包括文化素质、科技素质和社会公德，尤其要加强生态、环境知识的教育和普及；要认识到我国农村生态环境恶化的现状及其严重的危害，要有危机感、紧迫感和责任心；树立生态意识和环境意识，在提倡物质文明和精神文明的同时，提倡生态文明。

2. 加强非点源污染的治理力度，走生态农业的道路

影响农业非点源污染的因子复杂多样，形成机理模糊，在控制农业非点源污染方面具有较大难度。加之治理非点源污染涉及政策、管理技术、市场调节、农民配合等方面，存

在着技术困难、国情条件限制以及农民利益的协调等，在农业中又存在着化肥、农药的难以替代性等诸多限制因素。因此，必须加强非点源污染的治理力度，走生态农业的道路。

第一，充分考虑农村区域特点，实行生态平衡施肥技术和生态防治技术，从源头控制化肥和农药的大量施用；第二，结合节水灌溉技术，提高农业水、肥利用效率；第三，通过在农田与水体之间设置适当宽度的植被缓冲带，在农田景观中适当增加湿地面积，在地形转换地带，建立适当宽度的树篱与溪沟，以及实行不同土地利用方式在空间上的合理搭配，不同农作物的间作套种、轮作等，也可减轻非点源污染物对水体的污染。从根本上来讲，我国农业生产必须走生态农业的道路，搞好产业结构调整，退耕还林（草）、退田还湖（湿地），有效遏制水土流失、土地沙漠化、盐渍化的发展趋势，实现我国水环境和农业的可持续发展。

3. 强化乡镇企业污染治理与环境管理措施

目前我国农村的农业产业化进程尚未完成，且呈加速发展的态势，因此乡镇企业的污染仍是农村地区环境保护相当长时间内必须面临的难题。首先要加强和完善控制乡镇企业环境污染的法治建设。

4. 小城镇环境管理与环境治理措施

必须对小城镇加速发展的趋势以及加速发展对农村水环境可能造成的冲击有充分的认识，应当立即着手加强小城镇环境保护及其规划工作，重视小城镇环境管理措施的制定和环境保护机构能力的建设，建立各种有效的环境管理政策措施。建立环境保护工作的公众参与机制，让公众参与环境监督和环境管理。

5. 开发推广切实可行、因地制宜的低成本污水处理技术

对于广大农村地区来说，由于经济实力及技术手段的欠缺，一味地采用城市污水的处理体系显然是不现实的，必须针对农村地区的资源与环境条件，开发推广切实可行、因地制宜的较低成本的污水处理技术。在农村地区，土地资源较为丰富，在村庄内部也有不少坑塘。另外，农村地区的生活污染物相对比较简单，因此，也有可能采用人工湿地、稳定塘、芦苇塘、氧化塘以及其他一些土地处理技术。应根据南方和北方水资源量的差异、经济发展的不同程度以及不同的水环境状况，结合农村地区居住分散和相对集中（小城镇）的特点，采用不同的工程措施和非工程措施来加强农村地区的水环境保护与治理。

（四）水环境规划的内容

水环境规划是对某一时期内的水环境保护目标和措施所做出的统筹安排和设计。其目

的是在发展经济的同时保护好水质，合理地开发和利用水资源，充分地发挥水体的多功能用途，在达到水环境目标的基础上，寻求最小（或较小）的经济代价或最大（或较大）的经济和环境效益。

水环境规划程序。首先，确定规划区域范围与边界，这包含两个方面的内容：一方面，是确定规划区域所属的行政区域及其范围；另一方面，是确定规划区域内的主要水化规划部分。如果在规划区域内的边界上正好有属于两个或多个行政区的水体（如河流、湖泊），或者水体本身是跨区域的，应与相关行政区的相关部门进行沟通并取得支持。由于水环境问题的复杂性和水环境规划的综合性，部门之间的沟通和协调尤为重要。其次，确定规划期限。规划期限的长短与规划所涉及的区域面积有关，如果规划区域大，则涉及的内容多而复杂，按照规划方案去实施时所需时间自然也多，此时规划时间就不能太短；反之则规划期限不能太长，否则社会、经济等许多外部条件发生了巨大变化，所做规划无法实施。

水环境规划必须明确水环境存在的主要问题，确定规划重点，并在预测的基础上，进行功能分区和确定规划目标，提出水环境保护的综合控制措施，形成完整的水环境规划报告书文本和规划图。

三、大气环境保护规划

农村大气污染的防治重点就是乡镇企业，只有把乡镇企业的大气污染处理好，农村大气环境质量也就有了保障。治理措施包括：

以下产品不准生产和经营，已经生产和经营的必须立即关闭：含有在自然环境中不易分解的剧毒物质的，如六六六、滴滴涕等；含有能在生物体内蓄积的剧毒物质的，如某些汞制品、砷制品、铅制品等；含有强致癌成分的，如联苯胺、多氯联苯、放射性制品等。

已经建成的属于石棉制品、制革、电镀、造纸制浆、土硫黄、土炼焦、铝矾土烧结、漂染、炼油、有色金属冶炼和土磷肥、染料等污染严重的小化工以及噪声、震动严重扰民的工业项目，按以下方式办理：采用新技术、新工艺或有效的治理措施，"三废"排放限期能够达到国家或地方标准的，可以继续生产；污染较为严重，但经济效益好，并且是当地群众主要经济收入来源的，应当有步骤地采取治理措施，也可以适当合并集中，并在集中后搞好污染物的净化处理和噪声控制；污染大气，影响农作物生长，且当地不具备合并治理条件的生产项目，可根据情况，采用季节性生产的过渡性办法，具体项目和季节时间由地（市）生态环境部门决定；污染严重、限期治理达不到要求的，关闭、停产或转产。

工业锅炉烟囱，应当安装消烟除尘装置。

产生有害气体、粉尘的作业项目，要采用密闭的生产设备和工艺，安装通风、吸尘和净化、回收设施。

乡镇企业的技术改造，应结合治理污染进行，并鼓励乡镇企业为防治污染开展综合利用。

污染物处理设施不得无故停止运行或闲置，拆除或闲置污染物处理设施，应当提前申报，并征得县（区）生态环境部门的同意。

四、居住区环境保护规划

（一）农村居民点环境评价

1. 布局不合理，景观效果差

由于长期无村庄规划指导，从而使居民点房朝向各异、前后错落不齐、村庄道路窄、路面质量差、功能混杂、大多数缺乏公共活动场所等。

2. 投入资金不足，基础设施缺乏，无垃圾处理场所

由于没有政府部门的专项资金投入或者资金投入少，加上各村庄集体集资及劳力有限，绝大多数村庄没有完好的排水沟渠，多数是一些小阴沟，没有垃圾处理场所等。垃圾任意丢弃和倾倒，甚至大雨一来，多数村民将倾倒的垃圾冲入沟中，随水四处流散，污染河流等水体；有的虽集中在一起，但无人处理。

3. 污染源多且较为分散

在很多省份乡镇企业遍布农村，产生的污染物大多直接排入农业环境，使农田受到污染，农作物损失严重，同时污染村庄环境。另外，在各家各户均是根据自家宅基地情况，各自为政地布局，加上牲口圈、厕所多数是敞开的，致使臭气四扬，夏季蚊子极多。很多农村绝大多数村庄以薪柴、杂草等为燃料，少数以煤为燃料，均会产生较大污染。

4. 土地私用观念强，法律意识、环保意识差

《中华人民共和国宪法》第十条规定："农村和城市郊区的土地，除由法制规定属于国家所有的以外，属于集体所有；宅基地和自留地、自留山，也属集体所有。"但由于农村长期实行土地无偿使用制度，加上绝大多数村民对我国土地政策的不了解，人为占有较为普遍。例如，村庄空地被人为占去。村民法律意识淡薄，环境保护意识很差，很多村庄牛、马、猪等粪和其他垃圾四处均是，无人进行管理。

5. 村规民约不健全，管理不力

很多村有村规民约，但很多没有较为科学的规定，甚至有的与有关现行的法规相违背。管理机制薄弱，对国家有关法规贯彻不力。

6. 屋檐下任意堆放薪柴等杂物，整洁性较差

由于多数没有柴房堆放薪柴等杂物，且多数村庄村民以木柴、杂草等为燃料，故在自家屋檐下或四周堆放柴草等杂物的现象普遍，并且很多是随意堆放，不仅影响美观，而且有很大的安全隐患。

7. 居民点布局乱，科学性较差

绝大多数居民点布局的科学性很差，对地质灾害如泥石流、滑坡、崩塌、岩溶塌陷等考虑不足。另外，沿河流两岸分布的村庄，多数是布局在河漫滩上，洪水一来，易造成较大的灾害。

（二）优化农村居民点环境的渠道

1. 提高认识，加强法治和行政指导，科学规划布局

要不断强化或制定有关村庄环境保护法规，加强宣传和教育，以提高认识。同时，请有关专家进行村庄规划，列出各村庄的规划图，并积极加强政府部门对村庄布局指导及参与工作。

2. 积极提高农村人口的科学文化素质，提高环保意识

要采取各种切实可行的途径，不断提高农村人口的科学文化素质。结合农村实际，采取易被村民接受的方式宣传环保，以提高环境保护意识。可以利用标语进行宣传。

3. 积极推广新的能源技术，不断改进厕所、牲口圈等场所

由于农村多数以薪柴、杂草等为生活能源，对环境污染比较严重，故应积极推广新的能源技术，减少污染物。同时，应加大各家各户的厕所、牲口圈等的改进力度，尽量向封闭式或少污染方向发展。当前，在农村推广的沼气应用，既能解决能源问题，又能解决农村厕所、牲口圈所产生的污染问题。同时，应集中垃圾，科学处理。

4. 加大社会治安和管理力度

针对一些村庄远离当地派出所，交通、信息不灵通等情况，各地有关派出所要联合和指导各村庄健全治安管理制度，以加强治安管理力度。同时，应派有关治安人员蹲点服务。

5. 居民点布局应集中与分散相结合，加大综合整治力度

对于特大的村庄，应分散布局，以缓减生活环境压力；对于环境条件恶劣的，如过度拥挤、景观效果较差的村庄，应进行整治；对于环境条件特别恶劣的，如"一方水土养不活一方人"以及溶洞中的居民，应帮助其搬迁到环境条件好的地方。

第四节　农村生态文明建设的实现路径

一、加快形成推进农村生态文明建设的良好社会风尚

农村生态文明建设关系各行各业、千家万户。要充分发动广大农民群众的积极性、主动性、创造性，凝聚民心、集中民智、汇集民力，实现生活方式绿色化。

（一）增强广大农民生态文明意识

公民良好的生态文明意识是构建生态文明社会的精神依托和道德基础。目前，生态文明意识在我国农村尚未牢固树立，这是造成环境污染和生态破坏的重要原因。生态文明意识是引导人们保护生态环境行为的基础。生态文明意识对农村生态文明建设具有重要作用，广大农民生态文明意识的强弱直接影响着我国农村生态文明建设的速度和水平。如果广大农民缺少生态文明意识，不了解生态环境恶化给身心健康、生存环境带来的负面作用，在生产过程中就会追求经济利益最大化，更多地关注短期行为和短期经济效益，而忽视生态效益和社会效益，更缺乏对生态环境的关注。由于很多农民没有接受过正规的生态教育，缺乏必备的生态知识，即使他们想要维护自身生态权益，也不了解通过何种渠道去维护。如果想要对自身利益进行维护，就需要了解当地企业的污染排放情况，需要具备一定的生态科学知识。目前，我国农村地区人们接受现代生态知识普遍较少，生态文明意识普遍较为缺乏，在工业化、城市化和现代化进程中，受教育程度较高的人大部分都进入了城市。我国农村居民教育文化程度普遍偏低。这就要求在提高农民素质方面，继续深入贯彻落实科教兴国战略，把科研、教育和技术推广尽快转移到适应农业绿色发展的轨道上来，大力发展农村基础教育，最大限度地遏制新文盲的产生。还要加大农村职业教育，通过各种形式对农民进行培训，提高他们掌握新知识的能力。

生态文明意识的增强是公众积极主动参与生态环境保护，促使人口、资源、环境与经济、社会可持续发展的基本条件之一，也是衡量社会进步和公众文明程度的重要标志。美

国学者莱斯特·布朗（Lester Brown）认为，"假使没有一个环境伦理来保护社会的生物基础和农业基础，那么，文明就会崩溃"。积极培育生态文化、生态道德，使生态文明成为社会主流价值观，成为社会主义核心价值观的重要内容。从娃娃抓起，从家庭、学校教育抓起，引导广大农民树立生态文明意识。把生态文明教育作为素质教育的重要内容，纳入国民教育体系和干部教育培训体系。将生态文化作为现代公共文化服务体系建设的重要内容，挖掘优秀传统生态文化思想和资源，创作一批文化作品，创建一批教育基地，满足广大农民群众对生态文化的需求。通过典型示范、展览展示、岗位创建等形式，广泛动员广大农民参与生态文明建设。组织好世界地球日、世界环境日、世界森林日、世界水日、世界海洋日和全国节能宣传周等主题宣传活动。充分运用电视、广播、报纸、互联网等各种媒体以及挂图、幻灯片、文艺演出等农民喜闻乐见的各种形式，大力宣传党和国家在节能环保方面的方针、政策、法律、法规，宣传农业节能环保知识，树立理性、积极的舆论导向，加强资源环境国情宣传，普及生态文明法律法规、科学知识等，报道先进典型，曝光反面事例，增强公众节约意识、环保意识、生态意识，形成人人、事事、时时崇尚生态文明的社会氛围。

（二）推动形成绿色发展方式和生活方式

绿色生活方式是绿色发展的重要实践途径。"道虽迩，不行不至；事虽小，不为不成。"实现生活方式绿色化是一个从观念到行为全方位转变的过程，同每个人息息相关，人人都是践行者和推动者。一是强化生活方式绿色化理念。绿色生活方式重在引导人们在追求生活方便舒适的同时，践行简约适度、绿色低碳的生活方式，坚决反对和抵制各种形式的奢侈浪费，以及挥霍性消费、奢侈性消费、超前性消费、炫耀性消费等不合理消费，推动广大农民在衣、食、住、行、游等方面加快向绿色低碳和文明健康的方式转变，使绿色生活成为全社会的自觉习惯。二是提倡勤俭节约的消费观。积极引导消费者购买节能环保低碳产品，倡导绿色生活和休闲模式，严格限制发展高耗能服务业。积极引导消费者购买节能与新能源汽车、高能效家电、节水型器具等节能环保低碳产品，减少一次性用品的使用，限制过度包装。大力推广绿色低碳出行，倡导绿色生活和休闲模式，严格限制发展高耗能、高耗水服务业。在餐饮企业、村办食堂、家庭餐桌全方位开展反对食品浪费行动，厉行勤俭节约。三是完善鼓励绿色生活相关政策机制，增强绿色供给，推进绿色包装，促进绿色采购，开展绿色回收，引导绿色饮食，推广绿色穿着，倡导绿色居住，鼓励绿色出行。加大绿色生活方式宣传，让绿色生活理念入脑入心。四是全面构建推动生活方式绿色化全民行动体系。开展创建节约型机关、绿色家庭、绿色学校、绿色村庄等行动；

不断创新和丰富活动载体，积极打造推动生活方式绿色化的品牌活动和亮点工程。让人们在充分享受绿色发展带来的便利和舒适的同时，履行应尽的可持续发展责任，实现广大农民按自然、环保、节俭、健康的方式生活。

二、积极推动科技创新和产业结构调整

要从根本上缓解经济发展与生态环境之间的矛盾，必须以科技创新为动力，以引进、消化、吸收为基础，大力实施科技创新工程，构建科技含量高、资源消耗低、环境污染少的产业结构，加快推动生产方式绿色化，大幅度提高经济绿色化程度，有效降低发展的资源环境代价。

（一）大力推动农业科技创新

农业科技创新是一项综合性、持续性的活动，必须结合深化科技体制改革，建立符合农村生态文明建设领域科研活动特点的管理制度和运行机制。针对生产成本和农业污染居高不下的突出问题，加强重大科学技术问题研究，开展能源节约、资源循环利用、新能源开发、污染治理、生态修复等领域关键技术攻关，在基础研究和前沿技术研发方面取得突破。要进一步加强绿色化、低碳化、生态化技术的研发和集成应用，降低资源利用强度，提高循环利用效率，引领和支撑资源节约型、环境友好型现代农业发展。强化企业技术创新主体地位，充分发挥市场对绿色产业发展方向和技术路线选择的决定性作用。完善技术创新体系，提高综合集成创新能力，加强工艺创新与试验。集中集成应用一批耕地有机质提升、新型智能肥料、纳米农药、节水控污、生态养殖、废弃物循环利用等技术，促进农业的绿色化和效益化转型。支持农村生态文明领域工程技术类研究中心、实验室和实验基地建设，完善科技创新成果转化机制，形成一批成果转化平台、中介服务机构，加快成熟适用技术的示范和推广。加强农村生态文明基础研究、试验研发、工程应用和市场服务等科技人才队伍建设，深入持久地推动农业科技创新。

（二）调整优化农村产业结构

调整优化农村产业结构是实现国民经济全面发展、社会长治久安的必然选择。调整优化农村产业结构可从以下七个方面入手：第一，推动战略性新兴产业和先进制造业健康发展，采用先进适用节能低碳环保技术改造提升传统产业，发展壮大服务业，合理布局建设基础设施和基础产业；第二，顺应产业发展规律，立足本地特色资源，加大农村产业结构调整和升级，完善利益联结，全力补齐短板弱项，加快发展乡村产业；第三，积极推进农

业供给侧结构性改革，积极化解产能严重过剩矛盾，加强农业预警调控，适时调整产能严重过剩行业名单，严禁核准产能严重过剩行业新增产能项目；第四，加快淘汰落后产能，逐步提高淘汰标准，禁止落后产能向中西部地区转移。做好化解产能过剩和淘汰落后产能企业职工安置工作；第五，坚持质量兴农，实施农业标准化战略，突出优质、安全、绿色导向；第六，调整能源结构，推动传统能源安全绿色开发和清洁低碳利用，发展清洁能源、可再生能源，不断提高非化石能源在能源消费结构中的比重；第七，扎实推进国家现代农业示范区建设，推进国家农业可持续发展试验示范区建设，研究建立重要农业资源台账制度，积极探索农业生产与资源环境保护协调发展的有效途径。

三、加大自然生态系统和环境保护力度

自然生态系统是在一定的时间和空间范围内，依靠自然调节能力维持的相对稳定的生态系统，例如，原始森林、海洋。由于人类的强大作用，绝对没有受到人类干扰的生态系统已经不复存在。自然生态系统的一个重要特点是它常常趋向于达到一种稳态或平衡状态，这种稳态是靠自我调节过程来实现的。生态系统的自我调节能力是有限度的。当外界压力很大，系统的变化超过了自我调节能力的限度即"生态阈限"时，系统的自我调节能力会随之下降，甚至消失。此时，系统结构被破坏，功能受阻，导致整个系统受到伤害甚至崩溃，这就是通常所说的生态平衡失调，生态危机随之发生。

（一）保护和修复自然生态系统

实施大规模生态保护和修复工程，是世界上许多国家改善生态的成功经验，它使受到破坏的生态系统得以朝着良性方向恢复，由失衡走向平衡。保护和修复自然生态系统的主要措施如下：第一，加快生态安全屏障建设。实施以青藏高原生态屏障区、黄河重点生态区（含黄土高原生态屏障）、长江重点生态区（含川滇生态屏障）、东北森林带、北方防沙带、南方丘陵山地带、海岸带等"三区四带"为核心的全国重要生态系统保护和修复重大工程，全面加强生态保护和修复工作。第二，扩大森林、湖泊、湿地面积，提高沙区、草原植被覆盖率，有序实现休养生息。加强森林保护，将天然林资源保护范围扩大到全国；大力开展植树造林和森林经营，稳定和扩大退耕还林范围，加快重点防护林体系建设；完善国有林场和国有林区经营管理体制，深化集体林权制度改革。第三，严格落实禁牧休牧和草畜平衡制度，加快推进基本草原划定和保护工作；加大退牧还草力度，继续实行草原生态保护补助奖励政策；稳定和完善草原承包经营制度。启动湿地生态效益补偿和退耕还湿。第四，继续推进京津风沙源治理、黄土高原地区综合治理、石漠化综合治理，

开展沙化土地封禁保护试点。加强水土保持，因地制宜地推进小流域综合治理。第五，完善国家地下水监测系统，开展地下水超采区综合治理，逐步实现地下水采补平衡。强化农田生态保护，实施耕地质量保护与提升行动，加大退化、污染、损毁农田改良和修复力度，加强耕地质量调查、监测与评价。第六，实施生物多样性保护重大工程，建立监测、评估与预警体系，健全国门生物安全查验机制，有效防范物种资源丧失和外来物种入侵。第七，加强水生生物保护，开展重要水域增殖放流活动。把修复长江生态环境摆在压倒性位置，共抓大保护，不搞大开发，实施好长江防护林体系建设、水土流失及岩溶地区石漠化治理，退耕还林还草、水土保持、河湖和湿地生态保护修复等工程，增强水源涵养、水土保持等生态功能。农业农村部宣布从 2020 年 1 月 1 日零时起实施长江十年禁渔计划，就是对长江重点生态区进行保护和修复的重要举措。

（二）大力发展低碳农业

人类的农业生产活动与全球气候变化既相互联系又相互影响。一方面，农业生产对气候变化有着重要的影响；另一方面，农业又是最易遭受气候变化影响的产业。气候变化会给农业生产带来影响，造成极端气候事件发生频率变化，农业生产不稳定性增加和产量波动。气候变暖将导致我国农作物生长期延长，作物品种的布局特别是品种类型，将发生变化。气候变暖后，病虫害的流行及灾变频率发生变化，呈现加重的趋势。土壤有机质的微生物分解将加快，造成土壤地力下降，需要施用更多的肥料以满足作物的需要。此外，气候变化将大大加剧我国华北、西北等地区的缺水形势，尤其是在降水减少和蒸发增加的地区。

减少农业温室气体排放量，必须大力发展低碳农业。低碳农业是指以减缓温室气体排放为目标，以减少碳排放、增加碳汇和适应气候变化技术为手段，通过加强基础设施建设、产业结构调整、提高土壤有机质含量、做好病虫害防治、发展农村可再生能源等农业生产和农民生活方式转变，实现高效率、低能耗、低排放、高碳汇的农业。可见，低碳农业是一种比生态农业更宽泛的概念，不仅要像生态农业那样提倡少用化肥农药、进行高效的农业生产，而且在农业能源消耗越来越多，种植、运输、加工等过程中，电力、石油和煤气等能源的使用都在增加的情况下，还要更注重整体农业能耗和排放的降低。在农业生产和生活中，无论是"九节"（节地、节水、节肥、节药、节种、节电、节油、节柴/节煤、节粮），还是"一减"（减少从事"一产"的农民），只要可以降低农业生产成本、保护农业生态环境、增强土壤的固碳能力、减少温室气体排放，都属于低碳农业最有效、最现实的形式。

低碳农业要求尽可能节约各种资源消耗，减少人力、物力、财力的投入，所以它是一种资源节约型农业；低碳农业要求以最少的物质投入，获取最大的产出收益，所以它是一种综合效益型农业；低碳农业要求采取各种措施，将农业产前、产中、产后全过程中可能给社会带来的破坏降到最低，所以它是一种生态安全型农业。低碳农业是在应对全球气候变化中应运而生的新生事物，是一种生态高值农业模式。而这种全新的模式所带动的则是"绿色农业经济"的发展，是一种全新的以低能耗和低污染为基础的绿色农业经济。要坚持当前和长远相互兼顾、减缓和适应全面推进，通过节约能源和提高能效，优化能源结构，增加森林、草原、湿地、海洋碳汇等手段，有效控制二氧化碳、甲烷、一氧化二氮、氢氟碳化物、全氟化碳、六氟化硫等温室气体排放。提高适应气候变化特别是应对极端天气和气候事件的能力，加强监测、预警和预防，提高农业、林业、水资源等重点领域和生态脆弱地区适应气候变化的水平。迄今为止，世界上还没有一个国家的农业现代化是建立在绿色经济的发展模式基础上的，我国正在努力探索一条低碳农业的发展道路，这也会是绿色农业发展方式的重大创新。

四、加快完善农村生态文明制度体系

思想是行动的先导，制度是持久的保障。当前，我国已经初步建立了一些农村生态环境保护方面的制度，农村生态环境保护的立法和执法取得明显进展。但同时，我国农村生态文明制度仍不系统、不完整。加快完善农村生态文明制度体系，是深入开展农村生态文明建设的治本之策。我们要依据《中共中央国务院关于加快推进生态文明建设的意见》《生态文明体制改革总体方案》等文件，加快建立系统完整的农村生态文明制度体系，引导、规范和约束各类开发、利用、保护自然资源的行为，用制度保护农村生态环境。

（一）健全法律法规和自然资源资产产权制度以及用途管制制度

我们要全面清理现行法律法规中与加快推进农村生态文明建设不相适应的内容，加强法律法规间的衔接；还要研究制定节能评估审查、节水、应对气候变化、生态补偿、湿地保护、生物多样性保护、土壤环境保护等方面的法律法规，修订《中华人民共和国土地管理法》《中华人民共和国大气污染防治法》《中华人民共和国水污染防治法》《中华人民共和国节约能源法》《中华人民共和国循环经济促进法》《中华人民共和国矿产资源法》《中华人民共和国森林法》《中华人民共和国草原法》《中华人民共和国野生动物保护法》等法律。

要对水流、森林、山岭、草原、荒地、滩涂等自然生态空间进行统一确权登记，明确国土空间的自然资源资产所有者、监管者及其责任；完善自然资源资产用途管制制度，明确各类国土空间开发、利用、保护边界，实现能源、水资源、矿产资源按质量分级、梯级利用；严格节能评估审查、水资源论证和取水许可制度；坚持并完善落实最严格的耕地保护和节约用地制度，强化土地利用总体规划和年度计划管控，加强土地用途转用许可管理；完善矿产资源规划制度，强化矿产开发准入管理；有序推进国家自然资源资产管理体制改革。

加快制定、修订一批能耗、水耗、地耗、污染物排放、环境质量等方面的标准，实施能效和排污强度"领跑者"制度，加快标准升级步伐。提高建筑物、道路、桥梁等建设标准。环境容量较小、生态环境脆弱、环境风险高的地区要执行污染物特别排放限值。鼓励各地区依法制定更加严格的地方标准。建立与国际接轨，适应我国国情的能效和环保标志认证制度。

加强统计监测，建立农村生态文明综合评价指标体系。加快推进对能源、矿产资源、水、大气、森林、草原、湿地、海洋和水土流失、沙化土地、土壤环境、地质环境、温室气体等的统计监测核算能力建设，提升信息化水平，提高准确性、及时性，实现信息共享。加快重点用能单位能源消耗在线监测体系建设。建立循环经济统计指标体系、矿产资源合理开发利用评价指标体系。利用卫星遥感等技术手段，对自然资源和农村生态环境保护状况开展全天候监测，健全覆盖所有资源环境要素的监测网络体系。提高农村环境风险防控和突发环境事件应急能力，健全环境与健康调查、监测和风险评估制度。定期开展全国农村生态环境状况调查和评估。加大各级政府预算内投资等财政性资金对统计监测等基础能力建设的支持力度。

（二）树立底线思维，严守资源环境生态红线

所谓底线，就是不可逾越的界限，是事物发生质变的临界点。底线思维是我们在认识世界和改造世界的过程中，根据我们的需要和客观的条件，划清并坚守底线，尽力化解风险，避免最坏结果，同时争取实现最大期望值的一种积极的思维。把握底线思维，就要"凡事要从坏处准备，努力争取最好结果，做到有备无患"。

设定并严守资源消耗上限、环境质量底线、生态保护红线，将各类开发活动限制在资源环境承载能力之内。合理设定资源消耗"天花板"，加强能源、水、土地等战略性资源管控，强化能源消耗强度控制，做好能源消费总量管理。继续实施水资源开发利用控制，用水效率控制、水功能区限制纳污三条红线管理。划定永久基本农田，严格实施永久保护，对新增建设用地占用耕地规模实行总量控制，落实耕地占补平衡，确保耕地数量不下

降、质量不降低。严守环境质量底线，将大气、水、土壤等环境质量"只能更好、不能变坏"作为地方各级政府环保责任红线，相应确定污染物排放总量限值和环境风险防控措施。在重点生态功能区、生态环境敏感区和脆弱区等区域划定生态红线，确保生态功能不降低、面积不减少、性质不改变；科学划定森林、草原、湿地、海洋等领域生态红线，严格自然生态空间征（占）用管理，有效遏制生态系统退化的趋势。同时，积极探索建立农业资源环境承载能力监测预警机制，对资源消耗和环境容量接近或超过承载能力的地区，及时采取区域限批等限制性措施。

生态红线的观念一定要牢固树立起来。我们的生态环境问题已经到了很严重的程度，非采取最严厉的措施不可，不然不仅生态环境恶化的总态势很难从根本上得到扭转，而且我们设想的其他生态环境发展目标也难以实现。要精心研究和论证，究竟哪些要列入生态红线，如何从制度上保障生态红线，把良好生态系统尽可能保护起来。列入后全党全国就要一体遵行，决不能逾越。在生态环境保护问题上，就是要不能越雷池一步，否则就应该受到惩罚 要加强法律监督、行政监察，对各类环境违法违规行为实行"零容忍"，加大查处力度，严厉惩处违法违规行为。强化对浪费能源资源、违法排污、破坏生态环境等行为的执法监察和专项督察。资源环境监管机构独立开展行政执法，严厉禁止领导干部违法违规干预执法活动。健全行政执法与刑事司法的衔接机制，加强基层执法队伍、环境应急处置救援队伍建设。强化对资源开发和交通建设、旅游开发等活动的生态环境监管，让保护者受益、让损害者受罚、让恶意排污者付出沉重代价。

（三）完善领导干部的政绩考核制度和责任追究制度

长期以来，无论是考核领导干部政绩，还是衡量一个地区的经济发展状况，GDP 增长率一直是最重要的指标。这种考评体制，对于促进经济发展有一定的积极作用，但它主要反映经济总量的增长，没有全面反映经济增长要付出的资源环境代价，这驱使人们在实际工作中"以 GDP 为中心"，热衷于单纯追求 GDP 的快速增长，而不顾经济发展的客观规律和对生态环境的破坏。对此，必须逐步加以改革和完善，使 GDP 考评指标更合理、更科学。

生态环境和资源能源原本是一个国家综合国力的重要组成部分，而 GDP 不将生态环境和资源能源等因素纳入其中，这不但不能全面反映一个国家的真实经济状况，反而会核算出一些荒谬的数据。例如，砍伐一片森林，卖掉原木即可增加 GDP，而森林的培育费与生态价值并未计算在内，因过度砍伐导致的水土流失、动植物减少的损失更没有纳入计算。土地的盲目开垦、草原的超载放牧、水产品的过度捕捞以及矿产资源的滥采滥挖等，反映在 GDP 的统计上都是"成绩"或"政绩"，却导致生态与资源被破坏，直接损害了经济社会的可持续发展。我们应当抓紧研究形成新的核算指标体系即绿色 GDP 体系，以取代现行的单一的 GDP 核算体系。绿色 GDP 的实质，是在现行 GDP 中扣除资源消耗的直接损失以及为恢复生态平衡、挽回资源损失而必须支付的投资。这将有效地改变目前存在的不顾资源与环境损耗、单纯追求经济总量增长的非科学的发展观和政绩观，促进农村社会经济的绿色发展。

农村领导干部要主动转变思想观念，树立绿色发展理念和科学政绩观。历史经验表明，推行任何一项新的制度都必须从转变思想观念入手。一旦确立了以绿色 GDP 为核心的经济社会与生态评价体系，发展的内涵和衡量标准就会发生深刻的变化，对农村领导干部的考核评价也会随之发生重大变革。那些急功近利、单纯追求经济指数快速增长、不顾生态破坏和资源消耗、只顾眼前利益不顾长远利益的想法和做法，都是要不得的，必须切实加以改变。把绿色 GDP 作为农村领导干部考核、任免、晋升的主要依据，近几年，很多地区进行了初步探索，虽然还有待进一步完善，但它确实避免了用牺牲生态环境为代价来换取经济的暂时快速增长，因而具有积极而深远的意义。

要建立体现农村生态文明要求的目标体系、考核办法、奖惩机制。把资源消耗、环境损害、生态效益等指标纳入经济社会发展综合评价体系，大幅增加考核权重，强化指标约束，不唯经济增长论英雄。完善政绩考核办法，根据区域主体功能定位，实行差别化的考核制度。对限制开发区域、禁止开发区域和生态脆弱的国家扶贫开发工作重点县，取消地区生产总值考核；对农产品主产区和重点生态功能区，分别实行农业优先和生态保护优先的绩效评价；对禁止开发的重点生态功能区，重点评价其自然文化资源的原真性、完整性。根据考核评价结果，对农村生态文明建设成绩突出的地区、单位和个人给予表彰奖励。探索编制自然资源资产负债表，对领导干部实行自然资源资产和环境责任离任审计。

要建立领导干部任期生态文明建设责任制，完善节能减排目标责任考核及问责制度。严格责任追究，对违背科学发展要求，造成资源环境生态严重破坏的要记录在案，实行终身追责，不得转任重要职务或提拔使用，已经调离的也要问责。对推动农村生态文明建设工作不力的，要及时诫勉谈话；对不顾资源和生态环境盲目决策、造成严重后果的，要严肃追究有关人员的领导责任；对履职不力、监管不严、失职渎职的，要依纪依法追究有关人员的监管责任。追究是为了负责，只有领导干部树立起强烈的生态意识、责任意识，才能保护好生态环境。

参考文献

[1] 张福锁，申建波，朱齐超. 中国农业绿色发展理论与实践［M］. 北京：中国农业大学出版社，2022.

[2] 贾小梅，崔艳智. 农村环境政策及规划研究（2022）［M］. 北京：中国环境出版集团，2022.

[3] 郝晋珉，牛灵安，艾东. 区域新农村建设发展战略与实践［M］. 北京：中国农业大学出版社，2022.

[4] 毛汉英. 区域发展与区域规划研究［M］. 北京：商务印书馆有限公司，2022.

[5] 张铁亮，刘潇威，王敬. 农业环境监测战略与政策［M］. 北京：中国农业出版社，2022.

[6] 张志兰，俞华勇，鲁珊珊. 生态视域下环境保护实践研究［M］. 长春：吉林科学技术出版社，2022.

[7] 江朦朦. 农业补贴政策经济效应评估研究［M］. 重庆：重庆大学出版社，2022.

[8] 何忠伟，曹暕. 中国农业政策与法规［M］. 北京：中国财政经济出版社，2022.

[9] 陶云平，李居平，王越兴. 农业政策与农村法律法规［M］. 北京：中国农业科学技术出版社，2022.

[10] 郭凌，臧敦刚. 乡村旅游与生态友好型农业的协同发展［M］. 北京：社会科学文献出版社，2022.

[11] 何静，杨茂林. 共生理念下的生态工业园区建设［M］. 太原：山西经济出版社，2022.

[12] 周光父. 美丽中国 中国的环保和生态［M］. 北京：科学出版社，2022.

[13] 权伟，水德聚，应苗苗. 植物生长环境［M］. 北京：中国农业出版社，2022.

[14] 吴进进. 中国农业福利政策研究［M］. 北京：中国经济出版社，2022.

［15］ 李富程，梅波，罗文海．种养结合循环农业综合养分管理研究与实践［M］．北京：中国农业科学技术出版社，2022.

［16］ 张伟．政策性农业保险的微观经济效应研究［M］．北京：中国财经出版传媒集团经济科学出版社，2022.

［17］ 杨东伟．农旅融合背景下乡村旅游目的地土壤生态环境变化研究［M］．武汉：华中科技大学出版社，2022.

［18］ 杨宝林，李刚．农业生态与环境保护［M］．北京：中国轻工业出版社，2021.

［19］ 朱平国，孙建鸿，王瑞波．农业生态环境保护政策研究［M］．北京：中国农业出版社，2021.

［20］ 王久臣，宝哲，王飞．农业废弃物处理利用技术概要及典型模式［M］．北京：中国农业出版社，2021.

［21］ 黄蝶君．双元—共赢农业企业生态创新内涵及环境规制的影响效应研究［M］．北京：经济科学出版社，2021.

［22］ 张彦博，王富华，刘伟．我国的农业面源污染治理与生态福利绩效提升［M］．北京：中国经济出版社，2021.

［23］ 张会琴．农业污染防治［M］．武汉：长江出版社，2021.

［24］ 赵晨洋，张青萍．绿色基础设施与新城绿地生态网络构建［M］．南京：东南大学出版社，2021.

［25］ 汪利章．有机农业种植技术研究［M］．天津：天津科学技术出版社，2021.

［26］ 吕文林．中国农村生态文明建设研究［M］．武汉：华中科技大学出版社，2021.

［27］ 韩亚男．新时代生态文明建设理论与实践研究［M］．长春：吉林大学出版社，2021.

［28］ 徐丹华．"韧性乡村"认知框架和营建策略［M］．南京：东南大学出版社，2021.

［29］ 李秀红．生态环境监测系统［M］．北京：中国环境出版集团，2020.

［30］ 鲁枢元．生态时代的文化反思［M］．北京：东方出版社，2020.

［31］ 包智明．环境公正与绿色发展［M］．北京：中央民族大学出版社，2020.

［32］ 李威．生态文明的理论建设与实践探索［M］．哈尔滨：黑龙江教育出版社，2020.

［33］韩永伟. 生态保护城乡统筹关键技术［M］. 北京：中国环境出版集团，2020.

［34］李荣福，陈焕根. 现代稻田生态渔业理论与技术［M］. 北京：海洋出版社，2020.

［35］聂凤英，司智陟. 全球农业农村政策研究报告［M］. 北京：中国农业科学技术出版社，2020.

［36］焦桂华，王群英，苏士奇. 农业保护与支持政策［M］. 北京：中国农业科学技术出版社，2020.